AF591655

DISCOURS

SUR

L'AVENIR PHYSIQUE

DE LA TERRE.

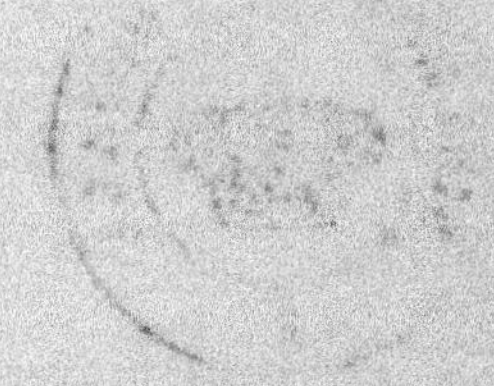

Imprimerie de Bosau et Cᵉ, et Lithographie,
boulevard Jeu-de-Paume.

DISCOURS

SUR

L'AVENIR PHYSIQUE

DE LA TERRE,

Par Marcel DE SERRES,

PROFESSEUR DE MINÉRALOGIE ET DE GÉOLOGIE A LA FACULTÉ DES SCIENCES DE MONTPELLIER.

PRONONCÉ A L'OUVERTURE
du Cours de Géologie à la Faculté des Sciences de Montpellier,
LE 4 AVRIL 1837.

> Tant que la terre durera, la semence et la moisson, le froid et le chaud, l'été et l'hiver, la nuit et le jour, ne cesseront point de se suivre et de se succéder. GENÈSE.

CHARLES LOURDE, ÉDITEUR, GRAND'RUE, 21.

1837.

AVIS DE L'ÉDITEUR.

Le Discours que nous publions, a été prononcé, le 4 Avril 1837, à l'ouverture du Cours de Minéralogie et de Géologie, à la Faculté des Sciences de Montpellier. Au lieu de le consacrer à des objets qui n'ont quelque intérêt que pour le corps auquel ils sont soumis, son Auteur a cru devoir le faire porter sur une question dont le sujet doit nécessairement exciter l'intérêt et captiver l'attention de tout homme instruit.

Ce Discours est le cinquième de ceux qu'a déjà publiés M. Marcel de Serres. Dans le premier de ces discours, ce professeur a cherché à donner une idée des progrès de la Géologie, et à faire connaître les principales découvertes dues aux recherches de ceux qui se livrent à l'étude de cette science encore à son berceau. Dans le second, il a traité une des plus belles questions qui puissent occuper les méditations des hommes éclairés : suivre et indiquer les progrès que les sciences et les arts ont faits de nos jours; démêler à quelles causes ils sont dûs; montrer l'influence de la méthode actuelle sur leur développement, est à la fois le sujet le plus noble et le plus difficile de tous ceux qui peuvent se présenter à l'esprit.

Le troisième est relatif à la différence entre les dates données par les monumens et les traditions historiques, et celles qui résultent des faits géologiques. L'auteur semble y avoir démontré que, lorsque les documens historiques sont impuissans pour éclairer certains faits, il n'en est pas toujours de même des recherches géologiques. Ainsi, pour en citer un exemple, la patrie primitive du cheval, comme celle de la vigne et de l'olivier, est environnée de la plus grande obscurité, lorsqu'on veut la déterminer à l'aide des monumens de l'histoire, tandis qu'elle est clairement fixée par l'observation des couches terrestres. Enfin, le quatrième de ces discours est destiné à déterminer si les variations du plan de l'écliptique peuvent servir à expliquer les faits qui se sont succédés à la surface du globe, dans les temps géologiques.

Tels sont, avec l'avenir physique de la terre, les sujets sur lesquels M. Marcel de Serres a porté son attention. Puissent les Professeurs des hautes Facultés suivre son exemple, et éclaircir, comme lui, les questions délicates et difficiles qui se rattachent à l'objet de leur enseignement! La science aurait trop à gagner d'un pareil concours, pour ne pas l'espérer et l'attendre de leur zèle et de leurs efforts.

INTRODUCTION.

Déterminer quel peut être l'avenir physique de la terre, semble une question au-dessus des efforts de la science. Mais, pour peu qu'on y réfléchisse, on s'aperçoit bientôt que cette question est intimement liée à celle des températures terrestres. Pour la résoudre, il faut examiner d'abord si la stabilité des climats actuels, qui a succédé à l'inconstance des anciens, dépend ou non de causes dont rien, dans la marche des élémens actuels, ne peut faire prévoir l'affaiblissement et encore moins la cessation complète.

Dès-lors, nous avons dû porter l'attention sur les causes qui maintiennent nos climats dans une sorte d'immuabilité, et les variations de leur température dans des limites extrêmement étroites. L'avenir physique de la terre est donc sous la dépendance de purs effets thermométriques; car, à toutes les phases de son histoire, la chaleur a été la cause principale des phénomènes qui s'y sont succédés. La seule différence que présentent les phénomènes de l'ancien monde et ceux du monde actuel, tient à ce que les premiers ont été déterminés par la chaleur propre du globe ou le feu central, tandis que les seconds sont presque uniquement soumis à l'action et à l'influence des rayons calorifiques et lumineux du soleil.

Il est cependant un autre point de vue, sous lequel nous aurions pu considérer la question que nous nous sommes proposée : c'est celui des causes finales qui ont toujours présidé à l'harmonie des choses créées. Ces causes, qui sont à l'Univers ce que les conditions d'existence sont à l'ensemble des êtres vivans, nous rediraient que tout ce qui s'est passé sur la terre, a été une suite nécessaire de la constitution de notre planète. En effet, pour recevoir les êtres vivans qui l'animent et l'embellissent aujourd'hui, notre terre devait présenter les dispositions que nous lui voyons, et offrir toutes les circonstances favorables au développement de la vie. Sa destinée et le but de sa formation devaient donc ramener les causes qui, aux premiers âges, en avaient si souvent troublé la surface, à la stabilité et à la fixité de notre monde nouveau.

De même que des êtres organisés, soumis à des conditions rigoureuses et nécessaires d'existence, ne peuvent durer, ni se perpétuer, si leur organisation n'est pas accommodée à leurs besoins, comme au but qu'ils doivent remplir; de même la terre, comme tout autre corps planétaire, ne saurait exister, si elle n'avait en elle-même les conditions qui assurent et maintiennent sa conservation.

Or, nous le demandons, toutes les causes actuellement agissantes, toutes celles qui donnent à notre globe le mouvement et la vie, ne sont-elles pas essentiellement des causes d'ordre et d'harmonie? Toutes ne concourent-elles pas au maintien et à la conservation des choses créées? Dès-lors, pourquoi se former de vaines terreurs sur l'avenir physique de la terre, où l'homme a été placé pour comprendre les merveilles qui l'entourent, et bénir la main de Celui qui les a livrées à ses méditations?

Si nous portons enfin nos regards en dehors de notre monde, auquel notre destinée est intimement liée, et si nous fixons notre attention sur les grands phénomènes de l'Univers, leur stabilité et la simplicité des lois qui les maintiennent et les conservent, seront pour nous un objet continuel d'étonnement et d'admiration. Ne serons-nous pas, en effet, étonnés de voir la grande loi de la nature, la gravitation, suffire à tout, régler la marche et l'ensemble des phénomènes célestes, et y maintenir, d'une manière à jamais constante, la variété, l'ordre et la régularité? Par l'effet de sa puissance, les perturbations sont ramenées à l'harmonie accoutumée; car la nature tient, comme en réserve, des forces conservatrices et toujours présentes, dont l'action commence, dès que le trouble vient à se manifester, et d'autant plus que l'aberration est plus grande.

Ainsi, par exemple, la forme des grands orbites planétaires, leurs inclinaisons, varient et s'altèrent dans le cours des siècles; mais, par une suite de cette puissance préservatrice qu'on trouve dans toutes les parties de l'Univers, la gravitation rend ces changemens extrêmement limités. Aussi, les dimensions principales subsistant constamment, l'immense assemblage des corps célestes, oscille autour d'un état moyen, vers lequel il est toujours ramené par la force qui en assure la durée.

De même, enfin, la cause physique de la formation des planètes a imprimé à tous ces corps un mouvement de projection dans un même sens, autour d'un globe immense, centre de ce même mouvement : par là, le système solaire est devenu tout-à-fait fixe et stable. Le même effet a lieu également dans le système des satellites et des anneaux. L'ordre et la régularité de leurs mouvemens y sont constamment maintenus par l'effet de la puissance centrale.

Ce n'est donc point, comme Newton et Euler l'avaient soupçonné, une force adventive, qui doit un jour réparer ou prévenir le trouble que le temps aurait causé; mais la loi elle-même de la gravitation, dont le pouvoir ramène tout à l'équilibre, à la perpétuité et à l'harmonie. Émanée une seule fois de la Sagesse Suprême, la puissance conservatrice de la nature, la gravitation, préside à tout depuis l'origine des temps, et y rend tout désordre impossible dans la marche et la direction imprimée aux nombreux corps célestes, disséminés dans l'immensité de l'espace.

Loin donc que l'on puisse prévoir un changement dans l'ordre et l'harmonie qui existent dans toutes les parties de l'Univers, on pourrait croire, au contraire, à son éternité, s'il n'était facile de comprendre que la main toute-puissante qui en a formé le merveilleux assemblage, peut suspendre ou anéantir l'action des forces qui en assurent le maintien et la durée. Il est donc extrêmement probable que si rien n'est changé dans la marche et l'action des élémens actuels, tout ce qui existe, sur la terre, comme dans le reste de l'Univers, n'éprouvera pas non plus d'importantes et de grandes modifications.

Heureux pressentimens, aussi bien confirmés par la connaissance des faits, que par la science, qui, portant ses vues plus haut, cherche à reconnaître, à l'aide de l'étude des causes finales, les lois qu'une puissance tutélaire a imprimées à notre monde, pour en assurer la conservation et la perpétuité! Aussi, nous devons nous fier à ces pressentimens sur l'avenir physique de notre terre, confié aussi aux causes d'ordre et d'harmonie qui régissent l'ensemble des phénomènes de la nature.

DISCOURS

SUR

L'AVENIR PHYSIQUE

DE LA TERRE.

Messieurs,

Les sciences, douces et glorieuses conquêtes du génie, ne bornent point leurs recherches à recueillir des faits, à les coordonner et à soumettre à l'analyse ceux qui en sont susceptibles ; un but plus élevé dirige leur attention et attire leur examen. S'élevant aux plus hautes spéculations, et devançant, pour ainsi dire, les faits, elles éclairent de leur flambeau des questions qui, au premier abord, paraissent défier l'intelligence humaine. A l'aide des méthodes qu'elles ont inventées, nous franchirons peut-être les obstacles qui s'opposent à la solution de l'importante question que nous nous sommes proposé de traiter aujourd'hui.

Déterminer au moyen des phénomènes qui tour à tour se sont succédés sur cette terre soumise à tant de vicissitudes, quel est l'avenir physique du globe que nous habitons; tel est, Messieurs, le sujet sur lequel nous appellerons quelques instans votre attention. Les faits que nous allons mettre sous vos yeux, vous prouveront, jusqu'à quel point une puissance tutélaire a veillé sur nous, depuis qu'elle nous a placés sur cette terre, devenue l'objet de tant de recherches et de tant de méditations. Vous admirerez sans doute avec nous, comment l'action providentielle a fait coïncider avec l'apparition de l'homme la cessation de toutes les causes perturbatrices, qui, jusqu'alors, avaient tourmenté et bouleversé le monde. Vous verrez, depuis cette époque, les phénomènes prendre une stabilité, une régularité, dont rien dans les élémens actuels ne peut nous faire prévoir ni le terme, ni la durée.

Merveilleuse harmonie des phénomènes de l'Univers, vous avez saisi d'étonnement et frappé d'admiration les génies supérieurs qui ont su vous pénétrer et vous comprendre ! N'avez-vous pas ramené le calme et la sécurité sur une terre, autrefois le théâtre de tant d'effrayantes catastrophes? Grâce aux lois admirables établies par la sagesse du Créateur, nous n'avons plus à craindre aujourd'hui ni ces cataclysmes qui tant de fois ont anéanti les êtres dont la surface du globe était embellie, ni ces secousses violentes qui si souvent ont déchiré les entrailles de la terre, ni ces feux souterrains qui, dans les premiers temps, s'échappaient de son sein entr'ouvert, et désolaient tant de contrées diverses, où la vie commençait à déployer ses merveilles.

A ces scènes de désordre et d'horreur, à ces bouleversemens si énergiques et si fréquens ont succédé la régularité, l'ordre et le repos. Dans les temps actuels, les tremblemens de terre n'exercent plus que de loin en loin leurs ravages ; les volcans ont en quelque sorte amorti leurs feux, et les déluges se réduisent à des inondations passagères, qui souvent même deviennent pour le laboureur, la source de la richesse et de l'abondance.

De même cette cause, qui, aux premiers âges du monde, a tant de fois anéanti des générations tout entières, je veux dire l'extrême inconstance des climats, a complétement cessé son action meurtrière. Aujourd'hui, les êtres vivent dans les régions où la nature les a placés, sans crainte comme sans danger ; seulement leur existence pourrait être compromise, s'ils venaient à franchir les limites que, dans son admirable prévoyance, elle a tracées à chacun d'eux. Maintenant tous les êtres naissent donc et se développent dans la plus complète sécurité, grâce à la constance et à la stabilité des climats actuels.

Ainsi, Messieurs, cette question que nous vous proposions tout à l'heure, vous pouvez la résoudre d'avance : examinons pourtant si ces harmonies admirables qui président à la durée et à la conservation du globe que nous habitons, n'ont pas en elles-mêmes des causes qui en assurent le maintien et la perpétuité.

Pour concevoir et apprécier l'avenir physique de la terre, il faut, ce me semble, étudier les conditions primitives qui lui ont été assignées, et porter ensuite ses regards sur ses conditions actuelles. Étudions donc ces deux principaux états de la terre, afin de nous faire une idée précise de son état futur.

Le globe n'a pas été, à toutes ses phases, constitué tel qu'il est maintenant. Sa forme sphéroïdale aplatie vers les pôles et renflée à l'équateur, sa densité croissante de la circonférence au centre, les couches terrestres disposées à peu près dans l'ordre des fusibilités, annoncent assez qu'il a dû être primitivement dans un état complet de fluidité ; car la condition nécessaire de tout corps fluide tournant sur lui-même avec une grande vélocité, est d'être renflé à son équateur et aplati à ses pôles. On peut même supposer, ce fait étant général pour toutes les planètes de notre système solaire, que cette grande loi de la nature a lieu également pour les autres mondes placés hors de ce grand système. Cette fluidité n'a pu être produite par l'effet d'un liquide, quelque actif et quelque énergique qu'on le suppose ; car l'eau forme à peine la cinquante millième partie de la masse totale de la terre. Ainsi, en supposant à la portion fluide une température extrêmement élevée, elle serait encore tout-à-fait impuissante pour opérer une pareille dissolution, puisque aucun liquide ne peut dissoudre une quantité de matière solide de beaucoup supérieure à son poids.

Pour expliquer la fluidité primitive du globe, il faut avoir recours à l'action de la chaleur ou du feu. La terre aurait donc eu, dans le principe des choses, une chaleur excessive, et par conséquent elle posséderait une température propre, indépendante de celle qui lui est continuellement fournie par les rayons solaires. (*Note I.*)

L'expérience confirme à cet égard nos théories. En effet, l'accroissement de la température se manifeste, à mesure que l'on s'enfonce dans les entrailles de la terre, au-delà du terme où les effets de la chaleur solaire se font ressentir. La température, au lieu de s'abaisser, comme on aurait pu le supposer, augmente et s'accroît dans des rapports qui ne sont presque jamais moindres de 1° par 30 ou 40 mètres.

Ainsi, soit que l'on détermine la température des mines les plus profondes, soit que l'on plonge des thermomètres dans les eaux souterraines ou dans celles qui jaillissent des puits artésiens, partout on arrive au même résultat, c'est-à-dire, que partout elle se montre supérieure à la chaleur moyenne du lieu où de pareilles expériences sont tentées. (*Note II.*)

Comment ne pas admettre dès-lors avec Buffon, que ces phénomènes dépendent d'un feu central, ou d'une source principale et unique de chaleur, dont l'accroissement est si rapide, que l'incendie du noyau terrestre ne peut être loin de nous. L'incandescence primitive de la terre qui en a fait une masse entièrement liquide, est donc un point acquis dans la constitution de notre planète, et nous devons nous représenter le globe, aux premières époques de sa formation, comme une masse énorme entièrement liquéfiée par le feu. (*Note III.*)

Tel a été l'état primitif de la terre, jusqu'à l'époque où les lois de l'équilibre de la chaleur ont rendu habitables ces régions incandescentes, et cela, par suite de la succession des temps ; car, dans l'univers, le temps n'est jamais plus compté que l'espace.

On se demandera peut-être, ce qu'est devenue cette énorme chaleur, qui faisait des matériaux terrestres les plus denses et les plus fixes, comme une vaste mer ardente, bouillonnant sous une atmosphère orageuse. Ce qu'elle est devenue, elle s'est dissipée à travers ces espaces stellaires, abîme immense, dans lequel sont semés à de prodigieuses distances les astres qui composent le système de l'Univers. C'est là le vaste réservoir, où les feux de la terre ont été absorbés. Ces feux sont venus s'y perdre et s'y amortir, comme le plus petit des ruisseaux se perd et se confond dans l'immensité de l'océan. (*Note IV.*)

Mais, qui nous dira la longueur de ces périodes traversées par notre planète, jusqu'au moment où les substances terreuses, peu à peu refroidies, se sont rapprochées et ont formé une mince écorce, bouleversée plus tard par d'effroyables convulsions? Pour répondre à une pareille demande, il faudrait savoir sur quels élémens on pourrait appuyer de semblables calculs. Serait-ce sur la chaleur qu'il a fallu pour tenir en fusion la masse des corps solides, et sur le temps nécessaire pour que cette chaleur se perdît à travers les espaces stellaires, de manière à arriver à la température actuelle de la terre? Mais, dans ces calculs, est-il possible d'évaluer avec quelle rapidité devait s'opérer le refroidissement aux premières époques, par suite de la différence qui existait entre la chaleur de l'espace et celle de la terre? Or, cette base ne pouvant pas être saisie, la science est impuissante pour arriver au résultat que nous cherchons.

Franchissons donc ce chaos et ces temps dont nous n'aurons jamais aucune idée, et dont nous sommes séparés par un incalculable passé ; arrivons au moment où la vie dans les organes devint compatible avec la chaleur de la surface du globe. A cette époque, où les premiers êtres vivans commencèrent à animer la surface de la terre, apparurent ces immenses fougères dont on retrouve les troncs ensevelis dans les anciennes couches du globe, et ces végétaux gigantesques dont les débris ont formé les houillères ou ces masses de charbon, preuve à jamais irrécusable de la vigueur avec laquelle ils se sont développés aux premiers âges du monde. (*Note V.*)

Cette active végétation, presque toute composée de plantes monocotylédones, était alors entretenue par la chaleur propre du globe, et par une proportion plus considérable d'acide carbonique répandue dans l'atmosphère. Cet excès d'acide carbonique nuisible à la vie et à l'entretien des animaux, fut peut-être la cause à laquelle il faut attribuer la rareté des animaux terrestres à ces premières époques où la vie commençait à s'établir sur notre planète, jusqu'alors inerte et complétement nue. A peine quelques insectes à respiration aérienne furent-ils les contemporains de ces antiques fougères ou de ces prêles gigantesques qui brillèrent si long-temps sur la scène de l'ancien monde. Ce furent ces fougères et ces prêles qui épuisèrent peu à peu l'acide carbonique de l'atmosphère, et préparèrent peut-être la formation des couches calcaires, dont l'abondance et l'étendue ont été depuis lors de plus en plus considérables. (*Note VI.*)

A ces végétaux, dont nous cherchons en vain les analogues, succédèrent les plus étranges animaux qui aient jamais existé, et dont les formes bizarres semblent presque aussi fantastiques que celles des êtres fabuleux de la mythologie. Des reptiles plus extraordinaires les uns que les autres, soit par leurs formes singulières, soit par leurs habitudes, furent donc les compagnons et les contemporains d'une végétation toute nouvelle et très-différente de celle qui avait brillé aux plus anciennes époques. Précédant, en quelque sorte, les grands animaux terrestres qui arrivèrent beaucoup plus tard sur la scène du monde, ces immenses sauriens n'eurent qu'une vie, pour ainsi dire, éphémère sur le globe où ils avaient été placés. Leurs races, bientôt anéanties, furent à leur tour remplacées par de nouvelles espèces, qui n'y vécurent aussi que quelques instans.

Devons-nous attribuer leur anéantissement à leur organisation imparfaite, ou à leurs habitudes carnassières qui les portaient à se dévorer les uns les autres ; ou n'en fut-il pas d'eux comme des premiers végétaux, qui durent leur destruction à l'affaiblissement progressif de la chaleur? Oui, Messieurs, cette cause a été bien plus puissante sur ces races anciennes qui ont disparu à jamais de la surface de la terre, que celles qui dépendaient de leur organisation ; c'est elle, sans doute, qui a opéré leur anéantissement et fait jaillir la vie nouvelle qui leur a succédé.

Mais, n'anticipons pas sur l'examen des causes qui ont successivement agi sur tant de générations éteintes, et poursuivons l'histoire de ces êtres antiques qui pour toujours ont cessé de vivre.

Notre planète vit donc disparaître deux générations de reptiles pendant la période secondaire. Ces générations, assez différentes l'une de l'autre, n'avaient du reste rien de commun avec nos races vivantes, surtout la plus ancienne. Mais un ordre nouveau, bien plus rapproché de l'ordre actuel, vint enfin s'établir sur cette terre, où parurent des êtres de plus en plus semblables à ceux qui s'offrent maintenant à nos regards.

Avec cette période se montrèrent, pour la première fois, des mammifères dont les espèces, comme celles des plantes dicotylédones leurs contemporaines, se multiplièrent graduellement sur ce globe, auquel ils donnèrent une physionomie et un aspect nouveaux. Par une particularité réellement remarquable, ces premiers mammifères qui succédaient à des animaux vivant dans le sein des eaux, eurent quelque chose des habitudes si long-temps presque exclusives aux êtres des anciennes époques. Ils commencèrent, en effet, par des espèces marines, ou par des races qui, habitant des terres découvertes, préféraient cependant les bords fangeux des marais, ou les lisières à demi-inondées des lacs ou des grands fleuves. Telles furent du moins les habitudes de ces antiques pachydermes, dont les débris sont le plus profondément enfoncés dans les vieilles couches tertiaires. L'organisation de ces animaux se rapproche du moins beaucoup plus de l'organisation des espèces aujourd'hui essentiellement aquatiques, que de la structure particulière aux races qui se plaisent sur un sol sec et presque dépouillé.

A ces espèces qui exigeaient également une assez grande chaleur, succédèrent des rongeurs, des ruminans, et enfin des carnassiers dont le nombre parut s'étendre plus tard avec celui des autres populations, sur lesquelles ils auraient peut-être exercé leur redoutable empire, si l'apparition de l'homme n'y avait mis un obstacle qu'ils n'ont pu surmonter.

Heureuse époque! elle a non-seulement séparé les temps anciens des temps nouveaux; mais elle a conduit l'ensemble des choses créées vers cette harmonie et cette stabilité, la loi la plus impérieuse et la plus nécessaire de l'époque actuelle!

Ainsi, notre planète, d'abord impropre à l'existence d'aucun être vivant, est devenue, par suite des lois de l'équilibre de la chaleur, susceptible de recevoir des végétaux et des animaux, qui pour la plupart en ont disparu sans retour. Depuis l'apparition de ces êtres jusqu'à nos jours, les conditions de la vie ont donc changé plusieurs fois, et des forces tout-à-fait inconnues ont jeté à diverses reprises sur la surface de la terre, des êtres totalement différens de ceux qui l'habitent aujourd'hui. D'autres forces non moins puissantes et non moins actives, ont anéanti successivement les êtres qui tour à tour ont paru sur la surface du globe, pour faire place à de nouveaux habitans, jusqu'au moment où l'ordre actuel, dont nous sommes les produits et les témoins, a été établi. (*Note VII.*)

Mais, qui a donné à cette terre, primitivement vide d'habitans, le mouvement et la vie? Car la vie est aussi une force, et une force d'un ordre tout différent de celles qui régissent la marche des corps célestes, ou les phénomènes du monde physique. Ses profondeurs sont même plus difficiles à pénétrer, que l'immensité des espaces et les lois de l'univers. Produite par une puissance dont l'action est en dehors d'elle, la vie n'a pu être donnée que par l'être infini qui a opéré toutes les merveilles de la nature, et qui seul peut la faire naître par l'effet de son pouvoir et de sa volonté.

Cet ancien monde, dont les débris animés sont conservés dans les entrailles de la terre, devait être soumis à des lois bien différentes de celles qui régissent notre planète, où chaque climat, chaque région ont leurs espèces particulières et distinctes. Rien de semblable ne paraît avoir eu lieu dans ce monde, qui n'a eu aucun homme pour témoin. Le globe a vu, en effet, se succéder sur son écorce qui se solidifiait de plus en plus, des périodes distinctes, caractérisées autant par des températures particulières, que par des êtres presque constamment nouveaux, et d'autant plus différens de nos races actuelles, qu'ils appartenaient à des époques plus anciennes.

Si nous nous transportons par la pensée à une de ces périodes, quelle physionomie singulière ne nous présentera-t-elle pas, quand ce ne serait que par l'uniformité du tableau des êtres répandus sur les diverses contrées de la terre? Tout, dans ce monde, nous paraîtrait différent de ce qui existe maintenant. Plantes, animaux, aspect du sol, étendue des mers, grandeur des fleuves et des rivières, tout serait un objet de surprise et d'étonnement pour nous, accoutumés à contempler une nature dont les productions varient, pour ainsi dire, à chaque pas.

En vain le voyageur se serait-il transporté dans les diverses régions de cet ancien monde, pour y trouver des sensations, ou y chercher des tableaux variés et piquans; partout ses regards auraient été frappés par une triste et fatigante monotonie, produite par une similitude dans les végétaux et même dans les animaux. Cette similitude était si grande, que non-seulement les mêmes familles de végétaux se retrouvaient dans les deux hémisphères; mais, contrairement aux lois de la nature actuelle, les mêmes espèces se présentaient presque partout : et ici, Messieurs, le doute est impossible; le mineur qui sonde les houillères de l'Amérique, n'y reconnaît-il pas les mêmes fougères et les mêmes équisétacées qu'il avait vues dans les contrées polaires ou dans les mines de l'ancien continent?

Cette similitude des premiers végétaux semble avoir été la loi générale de cette ancienne nature; car elle n'est pas moins évidente dans les animaux qui ont vécu sous leurs ombrages. Une pareille uniformité en rappelle une non moins grande dans les lois de l'organisation des anciennes espèces et dans celles des conditions d'existence auxquelles elles avaient été soumises. Mais, qui ne voit dans ces caractères communs aux êtres des régions les plus diverses, une preuve d'une distribution plus égale de la chaleur et d'une plus grande similitude dans les climats de ces anciennes périodes.

Simple dans son organisation, gigantesque dans ses proportions, peu variée dans ses formes, cette antique végétation n'a jamais vu, à aucune période, la totalité des classes de nos végétaux actuels briller à la fois sur un seul point du globe. Loin de présenter ces formes élégantes et pittoresques qui surprennent et étonnent le peintre qui parcourt en silence les forêts vierges du nouveau monde, ou celles de la nouvelle Hollande, la végétation des temps d'autrefois aurait sans doute fatigué nos regards, si un pareil monde avait jamais pu être fait pour l'homme. (*Note VIII.*)

Où trouver la cause d'une aussi grande et d'une aussi étonnante différence, si ce n'est dans l'uniformité de la température des anciens climats? Mais, ces climats ne pouvaient éprouver d'importantes modifications, sans qu'il en fût de même des êtres qu'ils avaient vu naître et qu'ils devaient voir mourir. Eh quoi! l'astre brillant du jour n'envoyait sur cette terre que des rayons dont elle n'avait nul besoin, et ses feux amortis par les feux plus puissans de la terre elle-même, ne réglaient donc ni l'ordre des saisons, ni celui des climats? Monde étrange et singulier, où les convulsions du globe menaçaient à chaque instant la vie des êtres bizarres qui y avaient pris naissance! Comment redire son histoire, et y voir des preuves de la régularité et de la constance de l'ordre nouveau qui s'y est peu à peu établi?

Cependant, à l'aide de la comparaison des variations des anciens climats, avec la fixité de nos climats actuels, la science peut prévoir, en quelque sorte, l'avenir physique de la terre et le sort réservé à nos descendans. Étudions donc ces anciens climats; voyons si, avec raison, les poëtes de l'antiquité avaient placé l'âge d'or ou le printemps perpétuel à l'origine du monde. Les tableaux poétiques dont ils ont embelli les premiers âges, semblent avoir quelque chose de réel, si l'on considère la température de la terre bien avant les temps historiques, et surtout, si l'on fait attention à l'universalité des anciens climats, qui donnait à toutes les régions une chaleur égale, mais bien supérieure à celle de nos étés les plus brûlans.

Pour nous en faire une idée précise, voyons si nous ne parviendrons pas, à l'aide de la Flore qui a brillé dans les temps géologiques et des animaux qui l'ont accompagnée, à déterminer quelques-uns des anciens climats.

Choisissons d'abord un de ceux qui, moins éloigné de nous, semble pouvoir être mieux saisi, à cause des analogies qu'il paraît offrir avec certains de nos climats actuels. Prenons pour exemple celui de Paris, à l'époque tertiaire ou à celle du dépôt des terrains marins inférieurs. A cette époque, les fougères arborescentes et les cycadées, qui jadis avaient peuplé nos continens, et dont les formes se retrouvent encore de nos jours entre les tropiques, avaient totalement disparu dans nos latitudes ; du moins nous n'en découvrons plus aucune trace pendant cette longue période, où cependant des dépôts aussi abondans qu'étendus ont été successivement opérés. On n'y voit pas non plus des vestiges de ces nombreux récifs madréporiques, qui, pendant la période de transition, et peut-être même pendant la formation des houilles, avaient peuplé les mers jusqu'au nord de l'Amérique, et s'étaient étendus pendant l'époque jurassique jusque dans nos parages.

Nos régions avaient donc vu disparaître à la fois les fougères arborescentes, les cycadées qui y avaient naguère prospéré, et avec elles s'étaient également anéantis ces nombreux zoophytes, qui, dans les périodes précédentes, s'étaient groupés en récifs et avaient construit des îles nouvelles au milieu du sein de l'ancienne mer. Une autre végétation et de nouveaux animaux avaient succédé à cette population, et étaient venus s'établir sur un sol que celle-ci avait abandonné.

Si nous descendons jusqu'aux couches les plus anciennes des terrains tertiaires, au lieu des espèces que nous venons de signaler, de nombreux débris de palmiers, des crocodiles et de grands pachydermes viendront s'offrir à nos regards. La température du bassin de Paris, et en particulier celle des hivers, était donc alors assez élevée pour permettre à ces végétaux de s'y développer, et aux animaux de vivre ou de se plaire sous leurs ombrages. On peut même supposer que cette température aurait pu s'abaisser dans de certaines limites sans les faire disparaître.

En rapprochant ces considérations, on obtient deux limites entre lesquelles semble avoir été comprise la température de nos contrées, à l'époque des dépôts tertiaires. Ces limites paraissent assez rapprochées, comme il est facile de s'en convaincre, en consultant les latitudes où s'arrêtent les fougères en arbre et les cycadées, d'une part, et de l'autre, les palmiers, les crocodiles et les grands pachydermes.

Ces limites ainsi fixées, si nous cherchons sur la terre un point quelconque où la température des hivers tombe précisément entre ces deux limites, nous trouverons que l'Égypte, et particulièrement le Caire, offrent cette double condition. La végétation des palmiers y est florissante, et les crocodiles se plaisent encore, comme du temps des Pharaon, à se jouer au milieu des eaux du fleuve qui fertilise cette contrée. D'un autre côté, de grands pachydermes, et entre autres les hippopotames, foulent constamment le sol marécageux des vastes plaines de l'Égypte, rappelant les formes lourdes et massives de leurs ancêtres, dessinées sur les monumens de l'antiquité.

En vain cherchons-nous dans les plaines fécondées par le Nil, des fougères en arbre et des cycadées. Les unes et les autres en ont disparu à jamais, pour faire place à une végétation nouvelle, plus en harmonie avec un climat également nouveau. Cependant, des récifs de polypiers bordent encore les rivages d'une grande partie de la Mer Rouge; mais ils s'arrêtent au port de Thor, en Arabie, à près de deux degrés de latitude, au sud du Caire.

Que nous disent ces faits, si ce n'est que la température des hivers et celle des étés devaient être à Paris, ce qu'elle est aujourd'hui dans la Basse-Egypte, quand les palmiers y ombrageaient de leurs feuillages les crocodiles et les pachydermes qui furent leurs contemporains? Ainsi se trouve fixé l'ancien climat de Paris, et sa température moyenne devait être au moins égale à celle qui règne maintenant au Caire, c'est-à-dire, d'environ 22 degrés. Or, la température moyenne du bassin de Paris se trouvant actuellement entre 11 et 12 degrés, elle a dû nécessairement éprouver un abaissement d'environ 10 degrés. Cet abaissement paraît bien faible encore, lorsqu'on le compare à celui qu'ont dû subir les plus anciens climats. Ceux-ci, bien interrogés, nous apprennent du moins que l'affaiblissement de la température a été d'autant plus considérable, que l'on étudie les climats des plus anciennes périodes; loi remarquable, qui nous donne, en quelque sorte, la clef des premières créations, et dont la constance semble avoir eu lieu à toutes les époques de l'ancien monde.

N'est-ce pas à cette cause qu'il faut attribuer la disparition des palmiers, des crocodiles et des grands pachydermes qui furent leurs contemporains dans ce même bassin de Paris, lors du dépôt des formations supérieures des terrains tertiaires? En vain en cherchons-nous des traces dans les couches qui surmontent les gypses à ossemens; et, pour en trouver des vestiges, il faut aller fouiller le sol tertiaire de nos contrées méridionales.

Quelle cause a donc été assez puissante pour les faire disparaître des lieux ou naguère ils trouvaient à remplir les conditions de leur existence? La même qui avait déjà anéanti tant de générations: l'abaissement de la température terrestre, ou un pur effet thermométrique. Suivant sa marche progressive, cette cause a détruit certains êtres, et a permis à d'autres de vivre et de prospérer dans des lieux où ils n'avaient point encore à redouter les effets d'une pareille influence. Ce que l'observation nous annonce, un raisonnement bien simple le confirme. Lorsque la température moyenne des régions méridionales de la France était encore égale à celle du Caire, par suite de son abaissement elle était devenue inférieure à ce terme, lors du dépôt des couches supérieures des terrains tertiaires dans le nord de cette même contrée. Ces faits nous font concevoir comment des espèces qui prospéraient dans nos pays méridionaux, ne pouvaient plus vivre dans le bassin de Paris.

Il suffit qu'un abaissement d'environ 5 ou 6 degrés ait eu lieu à la fois dans le nord et dans le midi de la France, pour qu'un pareil résultat ait été produit. En effet, n'existe-t-il pas maintenant entre les températures moyennes des deux régions une pareille différence ? Ainsi, lorsque celle de Paris n'avait plus que 16 ou 18 degrés, la température moyenne de nos provinces méridionales n'était pas moindre de 22 ou de 23 degrés, c'est-à-dire, égale ou supérieure à celle du Caire, sous l'influence de laquelle vivent encore les palmiers, les crocodiles et les hippopotames, qui ont aussi vécu dans les diverses contrées de la France.

Ces faits, vous le sentez aisément, Messieurs, sont à l'abri de toute contestation. En effet, puisque les hippopotames et les crocodiles ont vécu à Paris sous les ombrages des anciens palmiers, ils devaient y trouver une température favorables à leurs conditions d'existence.

Est-il donc si difficile de comprendre l'influence de la chaleur centrale sur les anciens climats? Est-il plus difficile de se rendre raison de l'influence de l'action solaire, à mesure que ces climats arrivaient à leur état actuel? N'est-il pas d'abord évident que, contrairement à la première de ces influences, les effets solaires ont dû être d'autant plus sensibles, qu'ils ont exercé leur action dans les temps les moins éloignés de la période historique? Ne l'est-il pas également que toutes les régions de la terre ont dû éprouver une chaleur, non-seulement égale à celle des climats équatoriaux ; mais encore infiniment supérieure? Enfin, il ne l'est pas moins que, par suite de l'abaissement successif de la température de la surface du globe et de l'établissement des climats nouveaux, les régions polaires et les sommets les plus élevés de nos montagnes, les premiers refroidis, ont dû être les premiers à recevoir des êtres vivans ; car alors seulement la vie devint possible dans ces régions aujourd'hui glacées, dont la température avait été si long-temps incompatible avec elle.

Sans doute une telle conséquence vous paraîtra bien extraordinaire ; mais, n'oubliez pas, Messieurs, que les houillères des régions glacées du pôle, recèlent les mêmes fougères et les mêmes lycopodiacées que l'on revoit sur toute la terre dans le même ordre de formation. Or, si, comme les faits et les observations les plus précises nous l'annoncent, ces végétaux y ont vécu, ces contrées ont dû avoir une température moyenne, tout au moins égale à celle que possèdent aujourd'hui les régions équatoriales. L'expression de cette dernière température étant entre 25 et 28 degrés, celle des pôles devait être de 44 degrés supérieure à celle qui les caractérise maintenant.

Mais, lorsque les pôles avaient une pareille chaleur, quelles espèces auraient pu résister à celle qui brûlait les régions équatoriales. Cette chaleur ne devait pas être moindre de 74 degrés, c'est-à-dire, bien au-dessus de celle que pourraient soutenir les êtres les plus robustes et les plus vivaces. Sans doute, l'organisation des ichthyosaurus, des anciens plesiosaurus, ainsi que celle des gigantesques mégalosaurus, semble avoir été appropriée à supporter sans danger une excessive chaleur.

Or, qui oserait dire que ces animaux pouvaient impunément se jouer au sein d'un élément, dont la température était supérieure à celle qui est nécessaire à l'ébullition de l'eau ? Comment dès-lors s'étonner que des êtres vivans, soumis à de pareilles influences et aux variations nombreuses des anciens climats, n'aient pu résister à tant de causes de mort et de destruction ?

Qui ne voit dans ces variations et dans les convulsions qu'elles ont produites dans l'écorce du globe, une suite nécessaire et presque inévitable des modifications qu'elle devait subir avant d'arriver à cette fixité et à cette stabilité, caractère le plus remarquable de l'époque actuelle, et sur laquelle nous allons maintenant porter votre attention?

Demandons-nous, enfin, si les conditions qui ont opéré dans la température de notre monde ces grands changemens, cause de l'anéantissement de certaines espèces et de la vie d'une infinité de nouvelles, se produiront encore sur cette terre qu'elles ont si souvent bouleversée. Notre globe ira-t-il en se refroidissant sans cesse, et finira-t-il, ainsi que l'avait supposé Buffon, par devenir une masse de glace morte, inanimée, et roulant dans l'espace autour d'un soleil qui n'enverra plus que d'impuissans rayons sur ses régions inhabitées ?

Pour se former une idée précise de l'avenir de notre planète, il faut, avant tout, distinguer la chaleur propre du globe, de celle que le soleil et les astres stellaires lui envoient continuellement. Celle-ci, parvenue seule à un état à peu près fixe et permanent, est aussi devenue presque indépendante de la chaleur centrale.

Cette dernière, source de chaleur pour la terre, dont l'influence a été si grande aux premiers âges du monde, continue donc à se perdre dans l'espace ; mais, par suite de l'obstacle qu'apportent à la transmission du calorique les couches déjà solidifiées, cette déperdition n'a lieu qu'avec une extrême lenteur. Cette lenteur doit même aller toujours croissant; et ses effets deviendront graduellement moins sensibles sur la surface, par suite de l'accroissement d'épaisseur des couches solides. La mesure de la quantité de ce refroidissement est déjà bien faible : car, à peine s'élève-t-elle à un millième de degré en mille ans, ce qui correspond à un degré en un million d'années. (*Note IX.*)

A la vérité, quelque longues que soient ces périodes, elles finiront pourtant par s'accomplir; car la chaleur centrale, quelque intense qu'on la suppose, s'épuisera elle-même, et la croûte mince que nous foulons aux pieds et qui nous sépare des incendies souterrains, prendra nécessairement par cet abaissement une plus grande épaisseur.

A ce refroidissement graduel et aux changemens de volumes partiels qui en sont la suite, ont été dûs ces tremblemens de terre, ces soulèvemens du sol si fréquens aux premiers âges du monde, et qui, pendant de si longues périodes, ont rendu la terre inhabitable pour les êtres vivans. Comme toutes les causes perturbatrices, celles-ci se sont affaiblies et ont perdu peu à peu de leur intensité. Admirable harmonie des choses créées! les lois conservatrices des œuvres du Tout-Puissant ont fait sortir des bouleversemens et des catastrophes, l'ordre régulier et stable qui règne aujourd'hui dans l'immensité de l'Univers! Aussi, après avoir traversé de si longues et si tristes périodes, cette chaleur centrale, cause pour la terre de tant de désordres, paraît enfin parvenue à un état presque complet de fixité qu'elle ne perdra plus désormais.

Ses effets ne seront pas à l'avenir plus marqués qu'ils ne le sont de nos jours. Ils se borneront à augmenter l'épaisseur de la croûte solide du globe, condition la plus favorable au développement de l'organisation. La vie n'aura donc plus à craindre ces violentes catastrophes qui l'ont troublée à tant de reprises différentes, et en ont si souvent anéanti les produits.

Oui, Messieurs, les tremblemens de terre, les soulèvemens, les affaissemens, les éruptions volcaniques, bien plus rares maintenant qu'ils ne l'étaient aux premières époques, perdront tous les jours de leur intensité. Admirez donc avec nous ces lois de l'équilibre de la chaleur, qui, peu à peu, ont fait cesser toutes ces causes de désordre, dont l'action puissante a épouvanté, pour ainsi dire, l'entière période des temps géologiques. (*Note X.*)

Les causes de perturbation et d'anéantissement ont cessé leur action, dès le moment où la chaleur de la surface de notre planète est devenue indépendante de la température intérieure. L'influence de cette température se borne à faire varier nos thermomètres, au plus d'un trentième de degré ; et si les feux souterrains venaient à s'éteindre, cette influence, toute faible qu'elle est maintenant, cesserait tout-à-fait son action.

L'équilibre de la température du globe ne dépend plus en effet, aujourd'hui, que de l'influence du soleil, de l'atmosphère et des espaces interplanétaires. La première de ces causes, le soleil, verse continuellement sur notre terre ses rayons vivifians, source de presque tous les mouvemens dont elle est animée. Toutefois, ces rayons contribueraient peu à l'échauffer, si elle n'était entourée d'une atmosphère propre à les concentrer et à les réunir. Aussi, lorsque nous nous approchons de cet astre lumineux, en nous élevant dans les vastes plaines de l'air, éprouvons-nous un froid des plus intenses, quoiqu'il brille de tout son éclat ; froid qui paraît tenir à la raréfaction de l'air. On sait que plus cette raréfaction est grande, moins l'air retient de chaleur solaire. L'aréonaute, assez heureux pour franchir les limites de l'atmosphère, et arriver jusqu'aux espaces planétaires, où sans doute aucun homme ne parviendra jamais, y serait surpris, non par un froid sans bornes, comme on aurait pu le supposer; mais par la température glaciale de 60 degrés. (*Note XI.*)

La température des astres nombreux qui composent le système de l'Univers, n'est pas non plus sans influence sur celle de la surface du globe. En effet, si notre planète se trouvait dans une enceinte privée de toute chaleur, les régions polaires subiraient un froid immense, et le décroissement des températures depuis l'équateur jusqu'aux pôles, serait incomparablement plus rapide et plus étendu.

Si le froid de l'espace était absolu, il est sensible que tous les effets de la chaleur, du moins à la surface du globe, seraient dûs à la seule présence et à l'action du soleil. Les moindres variations de la distance de cet astre à la terre, occasioneraient des changemens très-considérables dans les températures, et l'intermittence des jours et des nuits produirait des effets subits et totalement différens de ceux qui se passent sous nos yeux. L'absence du soleil déterminerait subitement un froid presque sans bornes, qu'aucun être vivant ne pourrait supporter. D'un autre côté, les animaux et les végétaux ne résisteraient pas davantage à une action aussi forte et aussi prompte, qui se produirait en sens contraire au lever du soleil, et leur existence en serait bientôt compromise.

Enfin, si tout à coup nous étions privés de notre atmosphère, la surface que nous habitons tomberait bien vite à la température glaciale des espaces interplanétaires, température tout-à-fait incompatible avec la vie. Mais, dans sa sage prévoyance, la nature a disposé autour de nous une enveloppe gazeuse, dont un des principaux avantages est de retenir une portion de la chaleur solaire et de l'empêcher de retourner dans l'espace.

Abri salutaire et protecteur, l'atmosphère maintient la température de la terre dans des bornes nécessaires à la conservation de la vie ; tant qu'elle restera dans son état actuel, la chaleur de la surface ne souffrira pas d'altération sensible, et les effets qui en sont la suite inévitable, se maintiendront dans l'équilibre et l'ordre accoutumé. Mais si, par des causes en dehors des élémens actuellement agissans et que rien ne peut faire prévoir, cette même atmosphère venait à se raréfier, le froid deviendrait plus vif ; comme si, au contraire, elle se condensait, la chaleur augmenterait d'une manière sensible.

La température de la surface du globe, dont la chaleur originaire ne se fait guère plus sentir à cette surface, ne dépend et ne dépendra plus désormais que de la constitution de l'atmosphère, de la chaleur du soleil et de celle des espaces planétaires. Ces causes déterminent à elles seules la climature générale du globe et sa température moyenne et permanente ; ces élémens fixent, en quelque sorte, la puissance organique de la terre, ou l'amplitude de l'évolution des êtres organisés, en même temps que la chaleur solaire, de concert avec la lumière et l'électricité, règle périodiquement le jeu de leurs fonctions.

Sans doute, la composition de l'atmosphère a éprouvé, dans les premiers temps, de grandes et importantes variations. Mais, pouvait-il en être autrement, lorsque la terre possédait une énorme chaleur, tout au moins supérieure à la chaleur rouge, et suffisante pour réduire en vapeurs la plus grande partie des matériaux terrestres qui se présentent maintenant à nous sous un tout autre état ? On se demandera peut-être si cette atmosphère, dont l'uniformité de composition n'est pas une des particularités les moins remarquables, est destinée à éprouver des changemens ultérieurs, et si ces changemens n'auront pas d'influence sur les phénomènes de la distribution de la chaleur. (*Note XII.*)

N'attendez pas, Messieurs, que je vienne ici répondre, d'une manière précise, à une pareille question. Vous le savez : il est, dans les sciences, des faits que l'on ne peut saisir que par la voie de l'induction et de l'analogie. Eh bien ! si nous nous aidons de ces deux moyens et de l'ensemble des faits connus, nous répondrons que, très-probablement, de pareils changemens n'auront pas lieu. En effet, qui pourrait les produire? Seraient-ce les variations de la température de la terre ? Mais elle semble parvenue à un état remarquable de stabilité. Seraient-ce de nouvelles combinaisons chimiques ? Mais, n'en connaissons-nous pas les limites et l'étendue? Serait-ce, enfin, par l'influence de la végétation actuelle, que notre atmosphère pourrait être modifiée? Mais, s'il pouvait en être ainsi, l'atmosphère serait loin de présenter dans tous les climats, comme à toutes les hauteurs, une uniformité de composition, que nous n'avons admise qu'après les expériences les plus nombreuses et les plus positives. Ainsi, rien dans les élémens, tant qu'ils se maintiendront dans leur équilibre actuel, ne peut nous faire craindre qu'un changement ultérieur ait lieu dans l'atmosphère.

Sans doute, les rayons du soleil sont, ainsi que nous l'avons déjà fait observer, la source de presque tous les mouvemens qui ont lieu à la surface du globe. Par l'effet de ces rayons, les eaux de la mer circulent en vapeurs à travers les airs, et arrosent la terre, en faisant naître les sources et les rivières. Par eux sont produits tous les dérangemens d'équilibre chimique des élémens matériels, qui, par une suite de compositions et de décompositions, donnent lieu à de nouveaux produits et occasionent le transport de nombreux matériaux.

A eux est due également la lente dégradation des solides dont la surface de notre planète est composée, dégradation qui opère les principaux changemens géologiques, par la diffusion de ces solides dans la masse de l'Océan. Leur chaleur produit de même les grands courans d'air et les dérangemens dans l'équilibre électrique de l'atmosphère, qui donnent naissance aux phénomènes du magnétisme terrestre. Enfin, par leur action salutaire et vivifiante, les végétaux, après avoir été élaborés de la matière inorganique, servent à leur tour à l'entretien des hommes et des animaux. (*Note XIII.*)

Causes puissantes et actives, la chaleur et la lumière solaire régissent et déterminent, pour ainsi dire, l'ensemble des phénomènes de ce globe qu'ils éclairent et vivifient. Nobles et brillans rayons, source de tant de biens pour cette terre, où vous répandez la vie et l'activité, seriez-vous aussi destinés à vous éteindre et à amortir vos feux, comme cette chaleur centrale qui ne vous a jamais rien emprunté pour entretenir ses fournaises brûlantes?

Eh quoi! le soleil qui verse dans les espaces une chaleur, plus de deux mille millions de fois plus considérable que celle qu'il envoie à notre planète, souffrirait une diminution dans sa puissance, et s'affaiblirait de plus en plus pendant la durée des siècles! Mais, quelle cause serait assez active pour produire un effet aussi immense? Nous la chercherions en vain parmi celles qui agissent sur cette terre, livrée à la bienfaisante influence des rayons solaires. Nous ne serions pas plus heureux, si nous voulions en trouver d'assez puissantes parmi celles qui régissent l'astre brillant du jour. Non; ses feux ne s'éteindront pas, quelque longue que soit la durée des siècles: il en sera probablement de même de la chaleur des espaces planétaires, nécessaire aussi à l'existence et à l'entretien des êtres vivans. (*Note XIV.*)

Comment ne point supposer que les espaces célestes, dont l'état thermométrique est parfaitement stable, conserveront d'une manière constante la fixité de leur température? Cette fixité ne résulte-t-elle pas du rayonnement de tous les astres, dont les masses énormes et les immenses distances réduisent, pour ainsi dire à rien, les dimensions de notre système solaire? Dès-lors, comment pourrait-elle diminuer, de manière à donner aux espaces célestes un froid infini, dont rien ne pourrait fixer la limite?

Oui, toutes les causes actuellement agissantes, bien examinées, semblent nous apprendre que la chaleur de l'espace égale à environ 60 degrés au-dessous de zéro, accumulée avec les 73 degrés au-dessus du même terme, qui représente la somme moyenne de la chaleur fournie à la terre par le soleil, est désormais assurée. Les effets de cette chaleur continueront donc à nous faire éprouver leur action bienfaisante, tant que des élémens étrangers à l'ordre établi ne viendront pas en troubler l'harmonie et la stabilité. Ainsi, notre globe roulera constamment au milieu des espaces célestes, avec une température moyenne de 13 à 14 degrés, à moins que la main toute-puissante de Celui qui l'a créé, ne vienne détruire les lois qui président à la conservation de l'Univers.

Si la suite des temps doit apporter de grandes et d'importantes modifications dans la température intérieure, leur longue succession sera probablement sans effet sur la température de la surface de la terre. Ces phénomènes sont cependant les seuls qui puissent compromettre l'existence des êtres vivans. N'avons-nous pas vu que tous les changemens qui pouvaient s'opérer, se bornaient à environ un trentième de degré? Ainsi s'évanouit la crainte de l'entière congélation du globe, dont Buffon avait menacé nos descendans, au moment où la chaleur intérieure serait totalement dissipée. Rejetons loin de nous ces craintes chimériques; et, au lieu de rêver un aussi triste avenir, bénissons la haute sagesse du Tout-Puissant qui nous en a préservé. (*Note XV*.)

Voudriez-vous, Messieurs, vous assurer maintenant si les climats terrestres, tels que l'observation nous les représente, ont réellement cette fixité que nous venons de leur supposer, et si, depuis les temps historiques, ils n'ont pas été plus ou moins sensiblement modifiés, vous arriveriez encore au résultat que la science nous permet de prévoir.

A la vérité, nous ne pourrions pas, pour la solution de cette question, invoquer le témoignage des instrumens qui nous ont mis en communication avec les corps extérieurs; leur invention, comme les grandes applications des sciences, sont trop modernes pour éclairer des faits dont l'origine est déjà si loin de nous. Cependant, un des hommes les plus étonnans, les plus prodigieux de notre siècle, M. de Humboldt, après avoir discuté et calculé avec une patience infinie plus de vingt-cinq mille observations thermométriques, est arrivé à un résultat sur lequel nous pouvons nous appuyer. D'après ses observations, les températures moyennes ne varieraient dans aucun climat, d'une année à l'autre, de plus d'un à deux degrés. Les températures seraient donc arrivées à un état presque complet de stabilité, contrairement à ce que nous disent le témoignage de nos sens et les produits variables de nos récoltes et de nos moissons. Dès-lors, si elles sont aussi fixes, comment ne pas supposer que les températures partielles qui les composent et les déterminent, peuvent bien varier accidentellement, mais ne sauraient influer, d'une manière sensible, sur l'avenir de la température terrestre? Ce résultat est un des plus remarquables que l'on puisse déduire de l'examen approfondi des limites des variations qu'éprouvent les climats terrestres. (*Note XVI.*)

Les calculs sur lesquels il repose, doivent donc nous rendre très-circonspects dans l'appréciation que nous pourrions faire des températures, à l'aide de nos sens ou d'après les produits de la culture. Sans parler d'une diminution momentanée de la chaleur, qui peut faire disparaître tel végétal d'un pays où il avait long-temps prospéré, combien de causes tout-à-fait étrangères à un abaissement thermométrique peuvent détruire également quelques-uns des produits de la nature dans des contrées entières!

Nous sommes donc en droit de le demander: Est-ce avec raison que l'on suppose que la région des oliviers s'avance continuellement vers le sud, parce que nous voyons la culture de cet arbre précieux cesser dans des lieux où elle avait obtenu un certain succès?

Mais, dans une pareille appréciation, a-t-on remarqué que lorsque la mortalité d'une espèce quelconque est supérieure au nombre des individus qui doivent la compenser, il faut nécessairement que cette espèce finisse par s'éteindre, si cette mortalité continue à s'opérer. Cette cause paraît amener dans les contrées méridionales de la France, la disparition partielle de l'olivier, dont nous sommes menacés. Elle semble donc dépendre, parmi nous, plutôt du découragement du laboureur, que de l'affaiblissement de la température de nos contrées. Une autre circonstance n'y est pas non plus sans influence : elle tient aux produits plus avantageux que d'autres récoltes donnent aux soins actifs et industrieux de nos cultivateurs, ce qui les porte à négliger un arbre dont la croissance est si lente et le rapport si incertain.

Telle est l'histoire de l'olivier, de cet arbre si utile, dont l'existence, comme celle de la vigne, dans nos contrées méridionales, remonte bien au-delà des temps historiques. Telle est aussi celle de tous les arbres, qui, faute de soins actifs et d'une culture assidue, ont disparu des lieux qu'ils couvrirent long-temps de leurs ombrages. Après ces faits, qui oserait dire que l'olivier, considéré par les anciens comme un présent des dieux, et dont les terrains géologiques recèlent même les débris, diminue dans les lieux qui l'ont vu naître, par suite d'un changement dans les climats actuels?

Étudions maintenant avec l'illustre physicien de notre siècle, M. Arago, les documens historiques, et assurons-nous si de pareils changemens sont aussi réels qu'on a voulu le supposer. La statistique végétale, dont nous trouvons quelques traces dans les écrits même les plus anciens, nous fournira encore les données propres à nous apprendre ce qu'il en est de la fixité des climats.

Interrogeons d'abord la Bible, le plus ancien des livres qui soit parvenu jusqu'à nous : elle nous dira, en premier lieu, ce fait important, que, antérieurement à Moïse et long-temps après lui, les palmiers étaient en grand nombre dans toute la Palestine. Les juifs mangeaient les dattes et les préparaient comme des fruits secs; ils en tiraient même une sorte de miel et une liqueur fermentée. Enfin, cet arbre devait être très-répandu dans la Palestine, puisque la ville de Jéricho était appelée la ville des palmiers, et qu'un assez grand nombre de monnaies hébraïques nous ont laissé des représentations distinctes de cet arbre chargé de fruits.

Il n'est pas moins certain que, à la même époque, la vigne était cultivée dans cette contrée; cela est suffisamment attesté par les vins d'Engaddi, par la fête des Tabernacles qui venait après les vendanges, et surtout par la fameuse grappe que les envoyés de Moïse cueillirent dans la terre de Chanaan. Or, on sait, d'une manière positive, qu'il est pour certaines plantes un maximum et un minimum en deçà et au-delà duquel elles ne vivent plus; et à l'aide de cette loi il est facile de déterminer la température d'un lieu quelconque, dont on connaît les productions.

Ainsi, le palmier ne fructifie pas, la datte ne peut mûrir, quand la température moyenne est inférieure à 21 degrés. Dès-lors, tous les lieux où l'on rencontre des débris de cet arbre, doivent avoir eu une température tout au moins égale à celle qui est nécessaire maintenant à sa complète végétation. On arriverait au même résultat, mais d'une toute autre façon, en s'aidant de la théorie mathématique de la chaleur, fondée par les beaux travaux de Fourier; car, les sciences, en se prêtant mutuellement leur appui, nous font toutes arriver, quoique souvent par des voies diverses, à ce que l'homme a le plus d'intérêt à découvrir, la vérité.

D'un autre côté, la vigne ne peut être cultivée de manière à donner de véritables récoltes, si la température moyenne excède 22 degrés; du moins sa limite méridionale est actuellement à l'île de Fer dans les Canaries, dont la température est égale à celle que nous avons assignée comme limite de sa culture.

Dès-lors, antérieurement à Moïse et long-temps après lui, la température de la Palestine devait être comprise entre 21 et 22 degrés. Mais, ce qui est digne de remarque, cette contrée a encore aujourd'hui précisément la même température. Plus de trois mille ans n'ont donc pas altéré, d'une manière appréciable, le climat de la Palestine, ni apporté aucun changement aux propriétés lumineuses ou calorifiques du soleil; conséquence que l'on pourrait tout aussi bien déduire d'autres faits agronomiques non moins positifs, ni moins importans.

Après ces faits, nous verrons encore, dans la distribution des animaux, une preuve que, depuis l'apparition de l'homme, les climats terrestres, jusqu'alors inconstans et variables, sont parvenus à une sorte de stabilité réellement remarquable. A la vérité, cette distribution, quoique soumise à des lois analogues à celles qu'ont suivies les végétaux, n'offre peut-être pas le même degré de précision et de généralité. En effet, les animaux sont bien moins que les plantes sous la dépendance du sol et du climat. Toutefois, quoiqu'il soit bien plus difficile d'établir des lois précises à leur égard, la difficulté n'existe guère que pour les carnassiers; du moins, la nourriture restreint beaucoup plus les espèces herbivores dans les lieux qui les ont vu naître, que celles dont les habitudes carnassières les portent à chercher partout une proie propre à satisfaire leurs penchans et la violence de leurs appétits.

Ainsi, la Genèse et les plus anciens monumens historiques nous apprennent que, bien avant le règne des Pharaon, le chameau parcourait les plaines de l'Égypte, tandis que l'hippopotame y fréquentait les bords fangeux de ses marais et les lisières à demi-inondées des lieux voisins du grand fleuve. Or, ces animaux ne prospèrent guère que sous l'influence d'une température moyenne de

22 degrés ; tels sont les crocodiles, les ibis et les ichneumons, qui furent, comme ils le sont maintenant, leurs fidèles et constans compagnons. Mais, cette température n'est-elle pas encore celle de la contrée qu'ils se sont choisie, et où ils trouvent à remplir les conditions d'existence qui leur ont été imposées ?

La température de l'Égypte semble avoir si peu varié depuis leur ancienne existence, qu'aucune différence appréciable ne se fait remarquer entre ces espèces qui vivent encore sur son sol brûlant, et celles qui y vivaient il y a déjà près de trois mille ans. En effet, soit que l'on étudie les restes des animaux ensevelis dans les anciennes catacombes, soit que l'on examine les représentations existant sur les monumens de la plus haute antiquité, on découvre une telle conformité avec les mêmes espèces vivantes, qu'il faut, ou que les climats n'aient pas changé depuis lors, ou bien que leurs variations n'aient eu aucune action sur la conformité organique. (*Note XVII.*)

Cette dernière supposition paraît peu admissible, lorsque l'on considère jusqu'à quel point l'influence des anciens climats a été profonde sur les espèces des temps géologiques. Cette influence a été si grande, que, par l'effet de ces variations, des générations entières ont été successivement anéanties ; elles ont fait place à d'autres totalement différentes, qui ont pu s'accommoder à de nouvelles températures : c'était le résultat inévitable des modifications qu'avaient subies les anciens climats.

Nous pourrions invoquer également une foule d'autres faits relatifs non-seulement aux animaux qui ont vécu constamment en Égypte, mais encore aux végétaux conservés dans les anciennes catacombes. Les uns et les autres nous donneraient la même réponse, et nous annonceraient l'immuabilité des nouveaux climats terrestres. (*Note XVIII.*)

Il en serait de même, Messieurs, si nous interrogions

les monumens antiques des autres contrées, pour nous assurer si les espèces qui y sont représentées, ont éprouvé ou non des modifications qu'auraient amenées un changement dans les climats. Ils nous répondraient que, comme les espèces qu'ils reproduisent, ne diffèrent de nos races vivantes par aucun caractère, il faut que ces espèces, comme les climats dont elles ont subi l'influence, n'aient éprouvé aucune sorte de changement notable, ni de variation importante.

Si maintenant nous portons notre attention sur les climats de l'Europe, nous verrons que, depuis les temps les plus reculés, ils ne paraissent pas avoir éprouvé les plus légères variations. En général, la stabilité de la température semble une des conditions les plus essentielles de cette contrée tempérée. Ainsi, la ligne des Cevennes, que Strabon nous a représentée comme la limite septentrionale où le froid arrêtait, de son temps, les oliviers, l'est encore de nos jours.

Aucune modification ne s'y est donc opérée. De même, la végétation habituelle des lauriers et des myrtes dans l'Italie moyenne, aux environs de Rome, et le désastre qui atteignait quelquefois les lauriers, au rapport de Pline le jeune, assignent à cette contrée une température moyenne constante. Cette température était donc autrefois comme elle l'est aujourd'hui, probablement très-rapprochée de 15 degrés au-dessus de la glace. D'un autre côté, le climat de la Toscane, qui n'admettait ni les myrtes, ni les lauriers, ne paraît pas avoir éprouvé le moindre changement; du moins ces arbustes n'y prospèrent pas davantage. Ainsi, le déboisement des montagnes de cette contrée n'y a opéré aucune diminution sensible dans la température, quoiqu'une opinion assez généralement répandue ait supposé le contraire. (*Note XIX.*)

Les mêmes effets se représenteraient également à nous, si nous examinions les variations de la chaleur dans d'autres climats; partout nous les verrions comprises entre deslimites extrêmement resserrées. Ainsi, lorsque les Grecs apportèrent le dattier dans leur patrie, cet arbre n'y donna aucun fruit. La température de la Grèce a si peu changé, qu'il en est de même aujourd'hui. Dans l'île de Chypre, la datte, sans mûrir complétement, y était pourtant mangeable, en sorte que la petite quantité de chaleur dont ce fruit aurait besoin pour y arriver à une parfaite maturité, y manquait autrefois, comme de nos jours.

Cependant, d'après certains documens, cette constance dans les climats ne serait pas aussi stable que nous le présumons; et, selon leur témoignage, les températures extrêmes sembleraient avoir subi quelques variations dans plusieurs contrées. On a prétendu, par exemple, que la culture du froment et de la vigne avait éprouvé, d'après d'anciennes chartes, quelques changemens depuis deux ou trois siècles, et que l'époque des vendanges avait été légèrement déplacée.

Mais, ces documens ont-il bien la valeur qu'on leur a supposée ? N'est-il pas évident que des actes privés, qui imposent l'obligation de porter certaines rentes à des époques fixes, sont loin d'être une preuve positive que les époques des récoltes et des moissons dussent nécessairement coïncider avec elles ? C'est cependant sur de pareils titres que l'on voudrait nous faire admettre un changement dans les saisons, dont les effets auraient rendu les hivers moins rudes et les étés moins chauds. Mais, comment préférer des documens si incertains aux observations positives, qui nous apprennent que les climats terrestres demeurent à peu près invariables?

En effet, l'oscillation extrême des températures moyennes, ainsi que nous l'avons déjà fait observer, semble à peine varier, d'une année à l'autre, d'un à deux degrés du thermomètre, en sorte que la somme de toutes ces températures est égale, lorsqu'on la calcule sur le nombre de dix années prises au hasard. Aussi, et par suite de cette harmonie qui maintient les choses créées dans un merveilleux équilibre, les années chaudes se compensent avec les froides, comme les sèches avec celles qui se font remarquer par leur grande humidité.

Si cependant les climats avaient éprouvé, dans certaines localités, quelques légères modifications, nous ne devrions les attribuer ni à l'influence des corps célestes, ni au refroidissement de la terre, ni même à l'accroissement et à l'accumulation des glaces du pôle arctique.

L'homme seul a produit insensiblement ces modifications. N'est-ce pas lui qui a défriché nos plaines, déboisé nos montagnes, encaissé nos rivières, et fait disparaître les eaux marécageuses et stagnantes qui, avant sa présence, infectaient les parties les plus abaissées de la surface du globe? Son activité et son industrie ne déchirent-elles pas sans cesse le sein de la terre, et ne lui donnent-elles pas continuellement de nouvelles dispositions et de nouvelles formes? Car l'homme fait sa région, en même temps qu'il arrange et façonne cette terre dont il est devenu le maître et le conquérant. Douce et bénigne influence! votre pouvoir se borne à corriger l'excès des températures extrêmes; mais vous êtes impuissante pour affecter les températures moyennes, base invariable de la fixité des climats!

En vain voudrait-on attribuer au temps une puissance d'action supérieure à celle des causes que nous avons énumérées jusqu'ici; on arriverait toujours à la même conséquence, après en avoir calculé les effets. Sans doute, le temps entraîne tout dans sa marche rapide; mais, il ne saurait changer la marche et encore moins la durée des choses établies. Impuissant pour modifier à lui seul les espèces vivantes, il l'est également pour intervertir la régularité des grands phénomènes de la nature. Aussi, que de milliers de siècles se sont écoulés pour amener le globe à l'état de calme dont il jouit maintenant! Que de millions d'années s'écouleront encore avant que les phénomènes existans puissent éprouver quelques légères modifications!

La science bien interrogée nous redit donc, comme Celui dont les paroles ne sauraient nous tromper : tant que la terre durera, la semence et la moisson, le froid et le chaud, l'été et l'hiver, la nuit et le jour ne cesseront point de se suivre et de se succéder. Douce et consolante promesse ! vous nous rassurez sur l'avenir de notre monde, sur lequel nous et nos descendans passerons sans trouble, comme sans effroi! Si nos premiers pas ont été environnés ici-bas de mille dangers, si de violentes convulsions ont si souvent menacé nos vies, si enfin les fleuves débordés, les marais sans limites, les froides et profondes forêts, les animaux ravisseurs, des nuées innombrables d'insectes, nous ont disputé si long-temps une terre dont nous ne pouvions pas nous dire les rois, de pareils ennemis et de pareils fléaux ne sauraient plus nous troubler dans la possession d'un monde que nous avons conquis par la constance de nos travaux.

Oui, depuis long-temps, l'homme a soumis les animaux qui pouvaient lui être utiles, détruit ceux qui pouvaient lui nuire, et dompté une terre rebelle ; fort de son intelligence, il a plus fait encore : les arts, fruit de son génie, sont devenus pour lui une source continuelle de gloire et de bonheur, et les sciences dont il a aussi élevé le magnifique et majestueux édifice, l'ont rendu le maître de tout ce qui l'entoure, en même temps qu'elles lui ont donné l'immense avantage de saisir et de comprendre quelques-unes des merveilles de l'Univers.

Déjà bien loin de nous sont ces temps, où le sort des espèces qui animaient cette terre, dépendait fatalement de l'inconstance et des variations des climats. En effet, dès l'apparition de l'homme, les climats terrestres, devenus fixes et constans, ont maintenu toutes les causes dans une harmonie et une stabilité presque merveilleuses. Sa présence parmi les êtres vivans a été, en quelque sorte, une promesse envoyée par le Créateur, que l'ordre naturel ne serait plus troublé, et que chaque espèce pourrait désormais se développer et fleurir en paix dans le milieu qui lui a été assigné. Bénie soit donc cette puissance tutélaire qui a fait concourir l'avènement de l'homme sur la terre, avec l'époque où celle-ci pacifiée a reçu sa température définitive, ainsi que de nouvelles créations, qui, comme leur dominateur, dureront probablement autant que l'ordre de choses établi!

Tel est l'avenir du séjour qui nous a été donné: rien dans cet avenir ne nous annonce que la terre doive jamais éprouver, dans les siècles futurs, un froid excessif, ou subir les effets d'une chaleur incalculable. Funestes pressentimens, éloignez-vous donc de nous: nos esprits éclairés par le flambeau de la science, qui sonde l'avenir comme elle juge le passé, rejettent à la fois vos vaines et fausses terreurs, et le brillant prestige dont vous aviez su les entourer.

Après avoir essayé de tracer le sort futur de notre planète, que ne nous est-il permis, Messieurs, de prévoir l'avenir moral des hommes, qui, par suite des destinées humaines, sont appelés à s'y succéder tour à tour! Quel riche et magnifique tableau n'aurions-nous pas à dérouler à vos yeux, et quels prodiges de lumières n'aurions-nous pas à étaler à vos regards! La sphère des sciences singulièrement étendue et agrandie par des découvertes de plus en plus merveilleuses et inattendues; les lettres ne respirant que le beau et le vrai, et la philosophie parvenue, dans son ardente charité, à réaliser le beau rêve de la réunion des hommes en un peuple de frères et d'amis, occupés tous sans relâche à augmenter leurs jouissances intellectuelles et à se rapprocher ainsi de leur divine origine. Tout, Messieurs, dans ce tableau dont nous nous éloignons à regret, serait doux et consolant pour nos esprits enflammés du désir de savoir, de connaître et de comprendre les admirables phénomènes de l'Univers. Nous verrions enfin, dans ce tableau, le monde moral, qui, loin de nous présenter cette fixité et cette stabilité si nécessaires dans le monde physique dont elle assure l'existence et la durée, nous montre, au contraire, une suite constante de progrès et de perfectionnemens nouveaux, objets de notre juste ambition, comme terme de toutes nos recherches et de tous nos travaux.

Suivons donc, Messieurs, cette noble route, et marchons tous ensemble dans cette voie du progrès qui nous sollicite et nous presse; heureux si, par nos constans efforts et votre puissant concours, nous pouvons faire quelques pas vers ce brillant et glorieux avenir!

FIN.

NOTES.

Note première, page 4.

Toutes les observations confirment la chaleur propre du globe et la rapidité de son accroissement. Ce feu central annoncé par Buffon comme une hypothèse, est aujourd'hui un fait admis dans la science. On avait d'abord voulu considérer cette température comme due à une réaction chimique des substances minérales et principalement à la décomposition des pyrites, ou comme un effet de la chaleur dégagée par la respiration des mineurs et la combustion de leurs lampes. D'autres physiciens avaient encore prétendu qu'elle dépendait d'une action plus intense, que le soleil aurait autrefois exercée sur notre planète.

En discutant ces diverses explications, il est facile de reconnaître qu'elles sont insuffisantes ou erronées. Les deux premières, fondées jusqu'à un certain point, n'embrassent pas le phénomène dans toute sa généralité, et ne peuvent le représenter numériquement. La dernière s'accorde mal avec le système astronomique, et ne se prête d'ailleurs à aucune vérification.

Il faut donc revenir à l'hypothèse du feu central soutenue par Descartes et Leibnitz, d'autant qu'elle explique suffisamment tout ce qu'il y a de général et de permanent dans les phénomènes de la température au-dessous de la couche variable, influencée par les rayons solaires. Elle explique également l'existence des eaux thermales qui se rencontrent fréquemment, non-seulement parmi les volcans en activité, mais au sein de toutes les roches et dans les contrées les plus diverses.

La chaleur centrale nous fait concevoir l'existence des volcans eux-mêmes, qui, malgré leur dispersion à la surface du globe, présentent de tels caractères de similitude, qu'il est difficile de ne point les considérer comme alimentés par une seule et même source ignée. Les tremblemens de terre, si liés aux phénomènes volcaniques, en dépendent également, et ne sont, en quelque sorte, qu'une suite de resserremens et de contractions que le refroidissement fait éprouver aux couches terrestres. Enfin, le feu central s'accorde aussi bien avec la fluidité originelle réclamée par la forme sphéroïdale de la terre, qu'avec la fonte des glaciers qui a souvent lieu par leur base, où la température extérieure est absolument sans effet.

La température du fond des mers et des lacs est loin d'être en contradiction avec cette hypothèse, lorsque l'on considère les lois d'après lesquelles les molécules fluides s'arrangent entre elles selon leur pesanteur spécifique. La position des eaux les plus froides dans le fond des mers et des lacs, est tout-à-fait indépendante de la chaleur centrale ; car, quelle qu'elle soit, la température de la terre, à une petite profondeur immédiatement au-dessous de la mer, est probablement depuis long-temps la même que celle du maximum de densité de l'eau, dont elle éprouve l'impression d'une manière continue.

L'eau de l'Océan, comme l'espace du monde, est un milieu réfrigérant qui enlève la chaleur intérieure d'une manière constante, en vertu des mouvemens qu'y produit sans cesse la différence de chaleur spécifique. Elle l'enlève même plus rapidement que cet espace indéfini ; ce qui explique comment la température du fond des mers peut être si basse, quoique ce fond reçoive l'impression de la chaleur centrale.

Laplace et Fourier ayant remarqué combien les faits étaient d'accord avec l'hypothèse de la chaleur centrale, lui ont aussi prêté l'appui de leurs ingénieux calculs. Nous nous bornerons toutefois à faire connaître les principaux résultats auxquels ces calculs les ont amenés.

1° La progression croissante de la température au-dessous de la couche invariable, a été anciennement plus rapide qu'elle ne l'est aujourd'hui.

2° La raison de cette progression varie avec une telle lenteur, qu'il faudra plus de trente mille ans pour que cette raison diminue de moitié, c'est-à-dire, qu'elle ne soit plus que d'un demi-degré par trente mètres.

3° Le flux de chaleur qui vient de l'intérieur, ne peut modifier que d'une quantité très-faible la température moyenne de la surface et l'ordre des températures qui s'établit, suivant les saisons, dans toute la partie de l'écorce terrestre supérieure à la couche invariable. La chaleur qui produit ces températures, provient presque uniquement du soleil. Elle s'accumule pendant une partie de l'année, et se dissipe pendant l'autre, de manière qu'il s'établit une exacte compensation.

4° Cette quantité très-faible dans le flux de la chaleur intérieure et qui accroît la température moyenne de la surface, ne s'élève pas à un trentième de degré. Elle varie avec une extrême lenteur, et, depuis deux mille ans, elle n'a peut-être pas diminué d'un trois centième de degré, sa diminution n'étant pas au-delà de 1/57,600 d'un degré centigrade par siècle.

5° Enfin, il existe toujours un rapport constant entre l'accroissement de la température au-dessous de la couche invariable, et l'augmentation de la température superficielle dû à la chaleur terrestre.

Ces résultats ne sont, du reste, contredits par aucun des faits observés jusqu'à présent, et ils concordent même d'une manière remarquable avec plusieurs de ces faits. Les observations astronomiques les plus anciennes sur le mouvement de la lune, en démontrant l'invariabilité de la durée du jour sidéral et de la longueur du rayon équatorial, ont confirmé l'extrême lenteur que Fourier a assignée au refroidissement actuel de la surface de la terre. Elles ont, en outre, démontré que les progrès de ce refroidissement étaient tout-à-fait inappréciables depuis les temps historiques.

Il ne peut donc rester aucun doute sur l'existence d'une chaleur centrale, et sur l'incandescence primitive de la terre, qui en avait fait primitivement une masse entièrement liquide.

NOTE II, page 4.

L'observation de la température des eaux que le forage des puits artésiens amène au-dehors, annonce, comme tous les autres phénomènes naturels, un accroissement de température fort considérable, à mesure que l'on s'enfonce dans les entrailles de la terre. Ainsi récemment on a creusé à Pregny, près de Genève, un puits artésien dans lequel on a reconnu un accroissement dans la chaleur, qui n'était pas moindre d'un degré centigrade pour 26^{m} 8. En additionnant les quarante-huit observations citées dans le beau Mémoire de M. Cordier sur la chaleur du globe, observations qui se rapportent à des points différens, on trouve 385 degrés centigrades 2 d'augmentation de température pour 10,160 mètres, ou un degré par 26^{m} 4. Cet accord remarquable prouve l'exactitude de toutes ces observations.

Cet accroissement serait bien plus considérable encore, si l'on admettait sans discussion les indications thermométriques fournies par l'observation faite dans le puits artésien creusé dans le granit à Aberdeen, en Écosse. En effet, d'après les observations de dix années calculées par M. Arago, la température moyenne d'Aberdeen serait de + 8 degrés 8. Or, d'après cette base, l'augmentation de la chaleur dans ce puits foré ne serait pas moindre d'un degré par quatorze mètres de profondeur; accroissement beaucoup trop considérable pour pouvoir être admis, sans que la profondeur et les indications thermométriques qu'il a fournies, soient de nouveau vérifiées.

Enfin, la chaleur de l'intérieur de la terre est encore confirmée par l'observation des sources, qui portent au-dehors une partie de celle qu'elles y ont prise. En effet, la température des sources croît d'une manière extrêmement sensible, à mesure qu'on l'éprouve dans des couches plus profondes. Ainsi, par exemple, l'eau des mines de Cornouailles avait seulement + 16° R. de chaleur, lorsque leur profondeur n'était que de 105 brasses, tandis qu'elles ont marqué jusqu'à + 29° R., lorsqu'on a été à 178 brasses. De même, dans la mine d'étain de Huel-Woss, près de Hilson, les eaux souterraines avaient au plus 16° 49, lorsque cette mine n'avait que 159 brasses de profondeur. Elles ont acquis celle de + 20° 89 R., lorsque les travaux y ont été poussés jusqu'à deux cents brasses.

Les faits relatifs à l'accroissement de la température des sources, à mesure que l'on s'enfonce, sont du reste trop connus, pour que nous devions y insister davantage.

Note III, page 5.

Quoique plusieurs données géologiques fassent présumer que l'épaisseur de la croûte solide de la terre est extrêmement variable, il paraît toutefois que, en terme moyen, elle n'excède pas vingt ou vingt-cinq lieues de 5,000 mètres. C'est donc à cette mince couche que se réduirait la portion solidifiée du globe, c'est-à-dire, celle qui nous séparerait des feux souterrains, qui très-probablement maintiennent à l'état liquide les matériaux les plus fixes et les plus denses accumulés dans l'intérieur de la terre.

Quant à l'épaisseur de cette couche, elle ne peut être qu'extrêmement variable, puisque l'accroissement de la température d'une contrée à une autre est également sujet à de pareilles variations. La différence de conductibilité des couches terrestres qui tient à leur diversité de nature, ne peut seule rendre raison de ce phénomène. Aussi, la chaleur propre que chaque lieu dégage continuellement, élément fondamental du climat qui s'y est établi, n'est-elle jamais dans un rapport constant d'un pays à un autre.

Cette inégalité ajoute une nouvelle cause de variation à celles qui occasionent les singulières inflexions des lignes isothermes.

Note IV, page 5.

La terre participe, ainsi que nous venons de l'observer, à la température commune des espaces planétaires, par suite de l'irradiation des astres de l'Univers. L'influence de ces astres équivaut à la présence d'une enceinte immense, dont la température constante serait peu inférieure à celle des contrées polaires.

D'après les observations de Fourier et de Swanberg, elle paraît être entre — 49° 85 et — 50° 53. Mais, d'après la remarque judicieuse de M. Arago, cette température doit être encore plus basse. Du moins, lors du voyage entrepris dans la Mer glaciale, pour la recherche du capitaine Ross, un thermomètre centigrade a marqué — 56° 6, température inférieure à celle que les observateurs que nous venons de citer, ont attribuée aux espaces célestes. Ainsi, il est assez probable qu'elle est au moins de 60 degrés.

Du reste, cet effet est une conséquence de ce que des corps lumineux ou échauffés à un certain point, renvoient sans cesse de la chaleur; d'où il résulte qu'un point quelconque de l'espace qui les contient, acquiert une température déterminée. Le nombre immense des corps célestes compense les inégalités de leur température, et rend l'irradiation sensiblement uniforme. Aussi la terre reçoit-elle, dans tous les points de son orbite, la même quantité de chaleur, du ciel ou des espaces interplanétaires.

Quoi qu'il en soit, la température des espaces est bien propre à nous faire concevoir comment s'est dissipée cette énorme chaleur dont jouissait, à son origine, la surface de la terre. Il n'en serait pas cependant ainsi, si l'on pouvait admettre les suppositions de M. Poisson. D'après ce grand géomètre, le froid des espaces planétaires serait moindre que la température moyenne des pôles; car, il l'évalue à — 13 degrés. On sait que l'expression de la température moyenne des contrées polaires est de — 16 degrés, c'est-à-dire, de 3 degrés inférieure à la première. Une pareille supposition ne s'accorde donc pas plus avec les observations précédemment faites, qu'avec l'opinion de l'universalité des physiciens et des astronomes de notre époque.

Note V, page 6.

Il faut bien admettre maintenant que les houilles ne sont autre chose que les restes d'une organisation détruite, et ont été produites par l'accumulation des végétaux ensevelis dans les vieilles couches du globe. Ainsi, la houille réduite en lames minces et mise sous la lentille du microscope, présente, de la manière la plus évidente, l'organisation propre aux végétaux; d'un autre côté, soumise à l'analyse chimique, sa composition est tout-à-fait analogue à celle de toutes les substances organiques végétales.

Les nombreux débris de végétaux qui l'accompagnent constamment, sont encore une nouvelle preuve de son origine, d'autant que ces végétaux se rapportent, pour la plupart, à des espèces d'une assez grande dimension. D'après ces faits, on n'a plus maintenant à rechercher quelle a pu être la cause de l'altération de cette antique végétation ; altération qui en a fait une masse de charbon, et qui l'a assimilée aux matières inorganiques. Cette cause pourrait bien avoir dépendu de la température élevée dont jouissait pour lors la surface du globe ; du moins est-ce dans les terrains sédimentaires les plus anciens, que l'on découvre les dépôts de houille les plus abondans et ceux où la conversion des végétaux en charbon semble être la plus complète et la plus évidente.

Du reste, on trouve rarement, au milieu de ces dépôts, des portions végétales qui conservent le tissu et l'aspect du bois. Les lignites produits par des végétaux moins altérés, dont la structure souvent fibreuse et le tissu organique décèlent, même aux yeux les moins exercés, l'origine végétale, abondent uniquement dans des terrains d'une date plus récente que celle des terrains houillers. Les formations jurassiques en recèlent particulièrement en assez grande quantité ; mais les lignites des terrains encore plus modernes se font remarquer par leur structure et leur tissu plus décidément ligneux. Ainsi, à mesure que la température du globe s'abaissait, les débris des végétaux s'altéraient de moins en moins dans le sein de la terre, et à tel point que les derniers finissent par n'être plus que des bois à peine décomposés.

Note VI, page 6.

La composition de l'atmosphère, aux plus anciennes époques, a dû être, ce nous semble, assez différente de ce qu'elle est actuellement, à en juger du moins par la nature et les espèces des êtres qui y ont vécu. Sans doute, c'est une pure hypothèse, que de supposer qu'il existait pour lors une plus grande quantité d'acide carbonique dans l'atmosphère, que celle que l'on y découvre maintenant ; mais cette hypothèse explique si naturellement les faits, qu'il est difficile de ne point l'admettre.

L'activité de la première végétation peut lui être due en grande partie ; dès-lors on conçoit comment cette végétation qui s'emparait de l'excès de carbone répandu dans l'atmosphère, a pu en laisser dans les entrailles de la terre, des masses aussi considérables que celles que l'on y observe. Elle rend aussi raison de l'absence de presque tout animal respirant l'air en nature, aux époques où la terre était couverte de la plus belle et de la plus florissante végétation qui ait jamais existé. Enfin, la grande quantité de reptiles qui ont paru après cette brillante végétation, dont l'activité avait dû épuiser une partie de cet acide carbonique, semble encore un fait qui appuie cette hypothèse.

Il est encore certain que, après le dépôt des houilles, les roches calcaires sont devenues de plus en plus abondantes, et les êtres qu'elles ont ensevelis dans leurs couches, de plus en plus semblables à ceux qui vivent maintenant. Ne pourrait-on pas supposer que cette dernière circonstance a dépendu de ce que, à mesure que ces masses calcaires se formaient, elles absorbaient une partie de l'acide carbonique répandu dans l'atmosphère ; en sorte que, par suite de cet épuisement gradué, les espèces organisées sont devenues peu à peu de plus en plus semblables à nos races vivantes? Lorsque, par l'effet de toutes ces causes, les proportions de l'acide carbonique seront devenues les mêmes que celles des temps actuels, nos espèces trouvant à remplir les conditions de leur existence, auront pu apparaître sans craindre de voir leur vie compromise.

Ainsi, tous les faits qui se sont succédés dans l'ancien monde, s'accordent parfaitement avec la supposition d'une plus grande quantité d'acide carbonique et d'humidité dans l'air; bien plus, ils ne peuvent guère s'expliquer sans cette hypothèse.

Note VII, page 9.

Si les couches terrestres ne nous avaient pas appris que la vie s'était succédée par degrés sur la terre, et en raison inverse de la complication de l'organisation, probablement nous l'aurions constamment ignoré. Cependant, ce fait remarquable, dont nous ne nous doutons que depuis peu de temps, est en quelque sorte écrit dans le livre le plus ancien que nous possédions; je veux dire la Bible.

En résumant les faits que l'observation des couches terrestres nous a fait connaître, on peut admettre, comme suffisamment démontrés, les résultats suivans:

1° Dans le principe des temps, aucun être vivant n'existait sur la surface de la terre, notre globe ayant pour lors une température trop élevée pour permettre à la vie d'y développer toutes ses merveilles.

2° Après ces premiers temps, où la matière inerte, fruit du jeu des affinités, a seule été produite, une époque est arrivée, où la vie a commencé par apparaître d'abord peu variée et peu multipliée, mais se perfectionnant d'une manière graduée et successive, au point de devenir de plus en plus semblable à celle qui caractérise les temps actuels.

3° Ces temps antiques, où d'anciennes créations, presque entièrement différentes de celles qui brillent maintenant à nos yeux, ont successivement apparu et embelli la surface de la terre jusqu'alors inanimée, comprennent un certain nombre de périodes; ces périodes sont toutes caractérisées par des êtres particuliers, dont les espèces essentiellement dominantes ont été successivement anéanties, comme pour céder la place aux nouvelles qui devaient se manifester plus tard.

4° Ces périodes prouvent que la création des êtres vivans n'a pas eu lieu d'un seul jet, ni d'une manière uniforme, mais graduellement et à des intervalles inégaux, en sorte que, en comparant la création des temps d'autrefois à la nouvelle, on reconnait que les êtres vivans se sont succédés en raison inverse de la complication de leur organisation, les plus simples ayant été produits les premiers.

5° En examinant dans son ensemble l'ancienne création, on peut la circonscrire dans trois grandes périodes, lesquelles se subdivisent elles-mêmes en un certain nombre d'époques, caractérisées par l'apparition de quelques êtres qui n'avaient point encore existé, et dont la vie semble avoir été parfois bornée à des espaces de temps peu considérables.

6° On peut tout aussi bien comprendre dans ces trois grandes périodes les animaux que les végétaux, et rattacher l'ensemble des êtres vivans au dépôt des principales couches sédimentaires qui ont été précipitées sur la surface du globe, de manière à faire concorder les diverses formations géologiques et les débris organiques que l'on découvre dans leur sein.

7° La plus ancienne de ces périodes, celle où la vie s'est manifestée pour la première fois sur la terre, comprend les formations sédimentaires les plus inférieures, c'est-à-dire, les terrains de transition et houillers, et réunit aussi les animaux et les végétaux les plus simples. Ce sont d'abord des invertébrés, soit des rayonnés, soit des mollusques, soit des crustacés marins, avec quelques débris fort rares d'insectes et d'arachnides à respiration aérienne, les seuls habitans qui annoncent qu'il existait déjà des terres sèches et découvertes.

Les animaux marins, singulièrement en excès relativement aux animaux terrestres, étaient accompagnés par des poissons qui avaient le même genre d'habitation, et dont les formes, les proportions et les caractères n'avaient rien de commun, non-seulement avec nos espèces vivantes, mais encore avec les poissons qui ont vécu depuis le dépôt du lias. La même simplicité se fait également remarquer dans les végétaux de cette antique période. D'abord, à peu près bornée à des agames, la végétation, qui a commencé par ces plantes les moins compliquées du règne végétal, a vu peu à peu apparaître des espèces terrestres, c'est-à-dire, des cryptogames semi-vasculaires, avec quelques phanérogames monocotylédons et gymnospermes. Les débris de ces cryptogames, des familles des équisétacées, des fougères et des lycopodiacées, primitivement peu nombreuses, n'ont pris un grand développement que lors du dépôt du terrain houiller, c'est-à-dire, à l'époque la plus éminemment végétale des temps géologiques. Ainsi donc les végétaux ont été primitivement plus abondans que les animaux, et les uns et les autres ont conservé, pendant cette période, un caractère de simplicité très-remarquable.

8° La même loi s'est encore continuée pendant toute la seconde période, où, par exemple, parmi les animaux, on voit les plus compliqués bornés aux poissons et à un grand nombre de reptiles, les oiseaux et les mammifères n'y existant point encore. Tout au plus pourrait-on citer deux ou trois mammifères, sur le gisement et sur la détermination desquels s'élèvent les doutes les mieux fondés. De même, les végétaux les plus perfectionnés, les dicotylédons ne s'y trouvent pas, non-seulement dans la même proportion relativement aux autres végétaux, que de nos jours; mais même que dans les rapports qu'ils ont acquis plus tard dans la troisième période géologique. Ainsi, cette seconde période, caractérisée essentiellement par des reptiles souvent aussi extraordinaires par leurs formes et leurs proportions, que par leurs dimensions, l'est également par des végétaux dont l'organisation était généralement moins avancée que celle des espèces qui leur ont succédé, quoiqu'ils aient appartenu à des classes plus nombreuses et plus variées que les végétaux des premiers temps. Cependant, cette seconde période embrasse un grand nombre de formations diverses et un espace de temps considérable; car elle s'étend depuis les terrains houillers jusqu'aux terrains tertiaires.

9° C'est surtout pendant la troisième période, la plus récente des temps géologiques, que l'on reconnaît, de la manière la plus manifeste, la succession des êtres vivans, en raison inverse de la complication de l'organisation. En effet, c'est pour la première fois que l'on voit les mammifères apparaître: d'abord ceux qui, habitant les eaux des mers, ont le plus de rapport avec des êtres plus simples, les reptiles; puis, ceux qui ne se plaisent que sur des terres sèches et découvertes. Par rapport à ces derniers, on reconnaît de la manière la plus manifeste cette loi de succession, qui a toujours produit des êtres de plus en plus compliqués et de plus en plus rapprochés de nos espèces actuelles.

Ainsi, les premiers mammifères terrestres ont été des pachydermes, animaux en quelque sorte aquatiques, dont les races long-temps dominantes sur la scène de l'ancien monde, se sont constamment fait remarquer par leur taille et leurs grandes proportions. A ces pachydermes ont succédé d'abord des rongeurs, des ruminans, et enfin des carnassiers qui sont arrivés les derniers à la surface de la terre. Leurs espèces, primitivement différentes des nôtres et tout-à-fait inconnues dans la nature vivante, sont devenues, comme par degrés, de plus en plus semblables à nos espèces actuelles, jusqu'au moment où les races, aujourd'hui domestiques, ont été le plus essentiellement dominantes parmi cette création soumise à l'ardeur dévorante des plus terribles carnassiers qui aient jamais existé. Parmi ces races, certaines paraissent avoir excité l'attention de l'homme et avoir été soumises à son empire, lorsque des espèces dont nous cherchons en vain les traces dans la nature actuelle existaient encore.

Cette succession, si manifeste pour les animaux, ne l'est pas moins pour les végétaux de la troisième période. Les caractères de cette flore nouvelle sont totalement différens de ceux de la flore qui l'avait précédée : au lieu de ces immenses fougères en arbre, de ces prêles gigantesques, on voit des dicotylédons, qui, relativement aux autres végétaux, deviennent, dans des proportions numériques, à peu près égaux à ceux de notre végétation. Il y a plus : parmi ces antiques dicotylédons, on découvre bien encore des espèces inconnues dans notre monde ; mais un assez grand nombre de ces végétaux ne sauraient être distingués de nos espèces vivantes, surtout parmi ceux qui appartiennent aux époques les plus récentes de la plus moderne des périodes géologiques, analogie qui précède de peu et annonce en quelque sorte la nouvelle création qui allait leur succéder.

10° Le règne végétal, comme le règne animal, a donc tendu d'une manière constante à un perfectionnement marqué, lequel s'est opéré plus lentement dans le second de ces règnes, que dans le premier, par suite de la distance immense qui sépare les animaux inférieurs des supérieurs, et de l'homogénéité comparative des grandes classes du règne végétal.

11° Il en est résulté que les mammifères terrestres ont paru beaucoup plus tard sur la scène de l'ancien monde, que les végétaux phanérogames, soit monocotylédons, soit dicotylédons. Ainsi, à toutes les époques, les conditions d'existence ont été constamment plus nécessaires et plus impérieuses pour les animaux que pour les végétaux.

12° Les lois de perfectionnement, si manifestes pour les êtres de l'ancien monde, semblent se continuer dans le monde actuel, où, lorsque des récifs ou des îles s'élèvent au-dessus de l'Océan, on voit d'abord les plantes les plus simples apparaître sur leur surface dénudée ; mais, lorsqu'un peu d'humus s'accumule sur cette surface, des plantes plus compliquées s'y établissent successivement, lesquelles sont suivies par des animaux d'abord simples et devenant aussi graduellement plus avancés en organisation. La seule différence que l'on remarque entre ce qui se passe actuellement et ce qui a eu lieu jadis, tient uniquement à ce que les êtres qui se fixent sur ces récifs ou sur ces îles nouvelles, n'appartiennent point à une création différente de celle qui caractérise les temps actuels, comme cela a eu lieu pour les créations successives des temps géologiques.

13° L'ancienne création, si différente de la nôtre, ne peut sous aucun rapport, être considérée comme un complément de la création actuelle; car elle ne comble pas les lacunes que l'on remarque entre certaines classes, et ne donne pas non plus une symétrie complète au tableau maintenant irrégulier des affinités des êtres vivans.

14° Dès-lors, on ne peut pas considérer les êtres qui faisaient partie de cette ancienne création, comme la souche de nos espèces actuelles; car rien ne démontre la possibilité de pareilles transformations, ni l'existence d'êtres intermédiaires entre l'ancienne et la nouvelle création.

Ainsi donc, à la première période éminemment végétale, en a succédé une seconde, caractérisée par l'apparition d'un grand nombre d'animaux plus tard anéantis, parmi lesquels se font principalement remarquer des reptiles aussi monstrueux que gigantesques. Des végétaux de l'ordre des cycadées ont accompagné ces étranges animaux, et leurs espèces, bornées à une époque peu prolongée, n'ont plus reparu sur la scène de l'ancien monde.

Pendant la troisième période, l'Océan en se séparant des mers intérieures, a laissé une plus grande étendue aux terres sèches et découvertes; par cela même, les mammifères terrestres ont pu se propager et se multiplier sur des continens, où brillait déjà une végétation plus appropriée à leurs besoins, que celle qui avait fleuri dans les premières périodes.

A mesure que la terre recevait des animaux d'une organisation plus compliquée, sa surface était embellie par des végétaux nouveaux et de plus en plus perfectionnés, comme les animaux dont ils devaient assurer la subsistance. Il est du reste remarquable que, parmi tant d'animaux et de végétaux dont les races ont disparu à jamais de la surface du globe, il n'en est aucun qui nécessite l'établissement d'une classe différente de celles qui composent notre création actuelle. Tout au plus, ces anciennes espèces, dont la plupart diffèrent de nos races vivantes, constituent-elles des familles ou des genres nouveaux dans la série organique; mais elles n'en indiquent pas moins un plan aussi général qu'uniforme. Ainsi, des rapports constans et des lois d'harmonie ont toujours présidé à l'ensemble des choses créées, et ont manifesté l'immense et admirable sagesse qui tour à tour les ont fait sortir du néant.

En un mot, les restes fossiles et humatiles des corps organisés qui ont vécu dans les temps géologiques, annoncent des créations successives et diverses, d'autant plus distinctes de notre création, qu'ils se rapportent aux plus anciens de ces temps, et, par suite, d'autant plus semblables aux êtres vivans, qu'ils se montrent ensevelis dans des dépôts rapprochés de l'époque actuelle.

Tel est le résumé des observations géologiques faites jusqu'à présent sur les divers points du globe, et qui prouvent, jusqu'à l'évidence, que la vie s'est établie par degrés sur sa surface.

NOTE VIII, page 11.

Parmi les faits de l'ancien monde, il n'en est pas de plus remarquable que celui de l'uniformité des mêmes formes végétales et animales aux différentes périodes, et cela dans tous les lieux où l'on observe les mêmes formations. L'influence des localités ne commence, en effet, à se faire sentir d'une manière bien prononcée, qu'à partir des couches tertiaires, dont les dépôts appartiennent à une époque récente. Il en est tout différemment des couches et des dépôts secondaires, qui partout offrent à peu près les mêmes espèces.

On s'étonne d'autant plus de retrouver les espèces fossiles de l'Amérique dans nos contrées, que maintenant il n'existe presque aucune espèce commune entre les deux hémisphères: une loi aussi différente de celles qui régissent notre monde, a dépendu peut-être des circonstances sous l'empire desquelles ces anciennes espèces ont vécu, et qui devaient être fort différentes de celles auxquelles sont soumises nos races vivantes. Nous les chercherions vainement dans la composition de l'ancienne atmosphère. Il faut donc croire qu'elles ont dépendu de la similitude des climats géologiques, qui, soumis aux mêmes influences, c'est-à-dire, à la chaleur centrale, eurent à peu près tous une sorte d'égalité. Cette égalité s'est même maintenue long-temps; elle paraît n'avoir cessé, qu'à l'époque où la chaleur qui anime le centre de la terre, devenue moins considérable, les effets des rayons solaires y ont enfin exercé leur puissante influence.

C'est donc uniquement à partir de cette époque, que les rayons solaires, par leur inégale distribution, ont produit des différences sensibles entre les climats; rayons qui, pendant de très-longues périodes, avaient été inutiles pour une terre dont la surface était embrasée par une chaleur bien supérieure à celle qu'ils y produisent actuellement. Cette époque semble pouvoir être fixée, ainsi que nous l'avons déjà fait observer, après la séparation de l'Océan des mers intérieures, ou lors du dépôt des terrains tertiaires, surtout des formations les plus récentes de ces terrains.

Du moins, à partir de ces formations, on ne retrouve plus cette uniformité dans les productions qui caractérise celles des formations secondaires. En effet, on voit souvent dans des localités très-rapprochées qui appartiennent aux terrains tertiaires, des espèces très-différentes. Ces espèces fossiles deviennent en même temps de plus en plus semblables à nos races vivantes; ce qui annonce que les circonstances sous l'influence desquelles elles vivaient, devaient être analogues à celles qui régissent notre monde actuel.

Note IX, page 18.

La base sur laquelle repose ce calcul, est des plus simples. La température moyenne des régions équatoriales est, dans ce moment, de 28 degrés au-dessus de zéro, tandis que celle des pôles est de 16 degrés au-dessous. Il y a donc, entre ces deux régions, une différence de 44 degrés; mais, pour que les végétaux que l'on découvre dans les terrains houillers, et dont l'analogie avec ceux de l'équateur est frappante, aient pu y vivre, il faut nécessairement que les contrées polaires aient joui d'une température égale à celle des régions équatoriales. Or, lorsque la température moyenne des pôles était d'environ 30 degrés, c'est-à-dire, de 46 degrés supérieure à l'actuelle, cette température s'ajoutant à celle qui anime maintenant l'équateur, devait y être de 74 degrés, cette dernière étant actuellement de 28 degrés au-dessus de zéro.

Cette appréciation de la température des anciens climats annonce assez que, lorsque les contrées polaires jouissaient d'une pareille chaleur, la végétation pouvait y déployer toutes ses merveilles, tandis que celle des régions équatoriales était trop élevée pour être compatible avec l'existence d'aucun être vivant. Il faut probablement attribuer à cette chaleur la conversion complète des anciennes forêts en charbon minéral. Du moins les dépôts houillers sont d'autant plus abondans, qu'ils se rapportent aux plus anciennes époques, et d'un autre côté, les végétaux qui les ont formés sont d'autant plus différens de nos végétaux actuels, qu'ils ont été ensevelis aux premiers âges de la terre. Ce double effet est une conséquence toute naturelle de l'abaissement progressif de la chaleur centrale, qui a rendu la conversion en charbon minéral des anciens végétaux de moins en moins complète, à mesure qu'il s'opérait, en même temps qu'en s'approchant du terme où il est maintenant parvenu, cet abaissement a pu favoriser une végétation plus semblable à celle qui brille à nos yeux.

Aussi, remarque-t-on trois genres principaux d'altération dans ces végétaux de l'ancien monde. Le plus ancien, celui qui les a convertis en charbon minéral ou en houille, offre des débris de l'ancienne végétation, dont la structure est complétement analogue à celle des matières produites d'après le principe de la nature inorganique. L'altération qui a eu lieu principalement aux époques moyennes des formations sédimentaires, a opéré ces masses de lignite presque inconnues aux terrains houillers. Ces lignites, conservant assez bien le tissu et l'aspect ligneux, rappellent ainsi les bois d'où ils tirent leur origine. Enfin, le plus moderne de ces divers degrés de modifications organiques a si peu altéré les débris des végétaux, que l'on y reconnait, de la manière la plus complète, le tissu, la structure et les formes végétales, à tel point que l'on peut parfois reconnaître les espèces d'où sont provenus ces bois. Certains d'entre eux sont si peu altérés, qu'ils peuvent même quelquefois servir à des usages domestiques, et être tournés comme les bois de nos forêts.

Enfin, il est encore un autre genre d'altération, dont l'époque est antérieure à celle de la formation de la houille. Cette altération, dont l'action a été plus profonde et plus complète, a produit l'anthracite, ou cet ancien charbon minéral dont la structure végétale est encore plus difficile à reconnaître que la houille. L'anthracite est aussi moins souvent accompagnée de débris de végétaux, lesquels sont tout au moins aussi différens de nos espèces actuelles, que la plupart de ceux que l'on découvre dans les terrains carbonifères.

On peut donc suivre, par des gradations insensibles, la transformation du bois en anthracite, en houille et en lignite, depuis les amas de bois à peine altérés, jusqu'aux différens charbons minéraux dans lesquels les apparences du tissu fibreux ont complétement disparu. Dès-lors, comment pouvoir douter, surtout après les preuves que nous en rapporterons plus tard, que la conversion du bois en anthracite, en houille et en lignite, a été due à l'influence de la température élevée dont la surface du globe a été animée aux premières époques de sa formation ?

Si donc l'action solaire règle et détermine maintenant tous les mouvemens qui ont lieu sur la surface terrestre, une cause du même genre, la chaleur centrale, a produit également tous ceux qui s'y sont succédés pendant les temps géologiques. La nature opère donc les effets les plus divers et les plus variés avec les mêmes causes ; car, à toutes les époques, les principaux et les plus grands phénomènes ont été de purs effets thermométriques.

Note X, page 19.

Les tremblemens de terre ont été jadis beaucoup plus fréquens qu'ils ne le sont actuellement, par suite de la moindre épaisseur que l'écorce du globe avait dans le principe des choses. Ces convulsions du sol sont même encore d'autant plus violentes et d'autant plus nombreuses, qu'on les observe dans des continens plus récens. Ainsi, par exemple, dans l'Amérique et particulièrement dans la chaîne des Andes, il ne se passe pas quelques années, sans que des villes populeuses ne soient détruites de fond en comble, que des torrens ne soient arrêtés dans leur cours par l'éboulement des montagnes, ou par l'effet du dessèchement des lacs qui les entretenaient.

De pareils événemens deviennent, au contraire, de plus en plus rares dans l'ancien continent. En effet, parmi les six cents qui, depuis les temps historiques, se sont fait remarquer par leur violence et leur étendue, la plupart se rapportent aux premiers siècles. Enfin, ce qui prouve que ces convulsions du sol tiennent, en grande partie, aux contractions qu'éprouve l'écorce solide du globe, par suite de l'affaiblissement progressif de la chaleur centrale, c'est que, d'une part, elles sont plus fréquentes dans les continens d'une date plus récente, et, de l'autre, dans les îles, portions de terres moins étendues que les continens.

Cette cause paraît être la plus influente sur les tremblemens de terre; car, évidemment, les éruptions volcaniques, les décharges électriques intérieures, le dégagement des vapeurs élastiques, qui peuvent aussi produire ces terribles phénomènes, sont sous sa dépendance.

Les soulèvemens produits également par la même cause, ont bien lieu sans doute dans les temps actuels; mais on ne voit pas qu'ils opèrent nulle part des chaînes de montagnes, ni même des collines un peu étendues, telles que celles qui ont été formées dans les temps géologiques. Leur action se borne à celle qui est exercée par les foyers volcaniques, et cette action diminue elle-même tous les jours d'intensité. Il y a plus; comme toutes les causes perturbatrices, celle-ci tend continuellement à cesser ses effets. Pour s'en convaincre, il suffit de considérer le grand nombre de volcans éteints que l'on observe sur la surface du globe, et surtout dans l'ancien continent. En effet, on n'en voit pas moins de cent dans l'Auvergne, le Vivarais et les Cevennes, dont les éruptions n'ont plus lieu et qui sont tout-à-fait éteints.

Les volcans brûlans sont donc, comme les tremblemens de terre qui en dépendent, plus nombreux dans les îles que dans les continens. En effet, sur 219 volcans brûlans, 121 se trouvent dans des îles, et la plupart de ceux des continens existent en Amérique, dont le sol est aussi continuellement tourmenté par des convulsions intérieures, surtout dans les lieux rapprochés des foyers volcaniques.

Enfin, les éboulemens, les affaissemens, suite inévitable de l'inégale contraction de la croûte qui se solidifie, diminuent tous les jours d'intensité, ainsi que les phénomènes volcaniques et les tremblemens de terre. Du reste, ils n'ont jamais été assez considérables pour déranger la stabilité du globe, mais seulement pour faire changer ou modifier les bassins des mers. Aussi, ces bassins existent dans tous les points du globe, où les affaissemens ont été les plus considérables ; de pareils affaissemens ne s'opèrent presque plus dans les temps actuels, et le lit des mers éprouve aussi bien peu de variations. Du reste, la moindre densité de l'eau des mers, relativement à la moyenne densité des matières solides qui composent la terre, les ferait promptement rentrer dans leurs lits respectifs. Les frottemens et les résistances les y rameneraient encore, les niveaux les plus bas de la surface du globe étant occupés par les eaux salées.

Tous ces effets étant sous la dépendance de la chaleur centrale, et cette chaleur produisant les eaux thermales, le nombre de ces eaux qui s'écoulent au-dehors, doit avoir singulièrement diminué depuis l'abaissement de la température de la surface du globe. Cette cause, comme toutes celles qui tendent à modifier cette surface, a donc diminué d'intensité et est parvenue à l'état de fixité que nous lui voyons aujourd'hui.

Note XI, page 19.

Le froid qui règne sur les montagnes et dans les régions élevées de l'atmosphère, paraît dépendre principalement de certaines propriétés de l'air qui sont maintenant bien connues. Ces propriétés sont les suivantes :

1° L'air libre s'échauffe lentement et se refroidit promptement ;

2° L'air chaud s'élève en vertu de sa légèreté spécifique ;

3° L'air qui se dilate, prend une capacité plus grande pour la chaleur.

Note XII, page 21.

On ne pourrait prévoir un changement dans la composition de l'atmosphère, que si on voyait de grandes variations avoir lieu dans la température de la terre. Or, comme nous avons fait remarquer que ces variations sont restreintes entre des limites fort étroites, il n'est nullement probable que la composition de l'atmosphère vienne à subir des changemens considérables et assez importans pour avoir de l'influence sur l'économie des êtres maintenant distribués sur la surface de la terre.

Il est du moins certain que, dans les temps actuels, la composition de l'atmosphère est identique dans tous les climats et à toutes les hauteurs. Ainsi, d'après les observations de M. Gay-Lussac, faites sur l'air recueilli à 7,080 mètres de hauteur ; celles de Dawy et Cawendish, sur l'air de l'Angleterre et de l'Italie ; de Bedoës, sur l'air recueilli en Afrique ; de Berthollet, sur l'air pris en Égypte et à Paris ; de Darwing, sur l'air des pôles ; de Marty, sur l'air de l'Espagne ; de Kupfer, sur l'air recueilli au milieu des forêts de la Sibérie ; et enfin, sur l'air recueilli sur la cime du Mont-Blanc, partout l'atmosphère a paru composée de 79 d'azote et de 21 d'oxigène, auxquels s'ajoutent des quantités variables d'acide carbonique.

A la vérité, on a prétendu récemment qu'il existait un principe hydrogéné dans l'air ; mais, il n'est pas moins certain que, si ce principe se trouve réellement dans l'atmosphère d'une manière constante, sa quantité y est si petite, qu'elle y est à peu près inappréciable. Quant à la présence de l'ammoniaque et des matières organiques admises par M. Chevalier dans l'air qui repose sur Paris, elle est aussi accidentelle que celle de l'acide sulfureux dans l'air atmosphérique de Londres. Probablement on doit attribuer à des causes du même genre, les différentes proportions que certains physiciens ont cru reconnaître dans la quantité d'acide carbonique répandu dans l'atmosphère. M. Théodore de Saussure a particulièrement insisté pour faire admettre que l'acide carbonique était en plus grande quantité dans l'air atmosphérique, en été qu'en hiver.

Mais, en supposant qu'il en fût ainsi, ces circonstances semblent n'exercer aucune influence sur les rapports qui existent entre l'azote et l'oxigène. La combinaison de ces deux gaz est ce qui constitue essentiellement l'air atmosphérique; or, leurs proportions, généralement constantes à toutes les hauteurs comme dans tous les climats, annoncent que les autres principes qui n'ont rien de fixe ni de déterminé, ne sauraient exercer la moindre action sur une combinaison aussi invariable que l'est celle de l'azote et de l'oxigène.

Note XIII, page 22.

L'influence solaire est maintenant, pour le globe, la cause la plus active et la plus influente des effets qui s'y produisent. C'est à elle que sont dues la vie des animaux et l'activité de la végétation, et par suite, l'entretien de l'électricité atmosphérique. En effet, par suite de son accumulation produite par l'influence solaire et les modifications de la température exercée sur les corps solides et liquides de la surface de la terre, résultent tous les effets électriques qui se passent sur cette surface. Du moins, l'action solaire paraît être la principale cause des combinaisons et des décompositions des corps, car elle change et modifie continuellement leur état électrique.

L'influence solaire, si grande relativement à ses effets calorifiques, ne l'est pas moins sous le rapport de la lumière qu'elle distribue sur notre planète. Cette dernière action se fait surtout remarquer relativement aux animaux, aux végétaux, et n'est peut-être pas moindre sur les minéraux. Aussi, lorsque cette double action vient à cesser, les lieux qui ne reçoivent plus la chaleur et la lumière solaire, aujourd'hui indispensable à l'existence des êtres vivans, n'en offrent bientôt plus la moindre trace, les glaces et les neiges perpétuelles s'emparant des lieux naguères embellis par de nombreux animaux et des végétaux; telles sont, par exemple, les régions polaires et les montagnes assez élevées pour que le thermomètre s'y maintienne constamment au-dessous de zéro.

Les mêmes lieux ont cependant vu des êtres vivans s'y développer avec vigueur pendant les temps géologiques; la chaleur centrale y a maintenant une température extrêmement élevée. Cette température n'a pas été non plus sans influence sur la lumière; car elle a nécessairement produit une complète dissolution de la vapeur vésiculaire, et développé une grande quantité d'électricité. Aussi, par l'effet de cette chaleur et de cette lumière liées l'une à l'autre, les régions polaires et les sommets de nos montagnes, aujourd'hui inhabitables et glacés, ont joui des bienfaits de la vie, comme en jouissent maintenant nos plaines et nos vallées.

Note XIV, page 23.

Il en serait bien différemment, si l'on adoptait l'hypothèse proposée par M. Poisson; car, d'après lui, il n'est pas vraisemblable que la température de l'espace soit partout la même. Les variations qu'elle éprouve d'un point à un autre, séparés par de très-grandes distances, peuvent être fort considérables. Elles doivent produire des variations correspondantes dans la température de la terre, qui s'étendent jusqu'à des profondeurs dépendantes de leurs durées et de leurs amplitudes.

Ainsi, M. Poisson a abandonné l'hypothèse du feu central soutenue par son maître Laplace et par l'illustre Fourier. D'après lui, l'accroissement de la température dans les profondeurs du globe, tiendrait aux inégalités de la chaleur stellaire. Cette chaleur, sensiblement constante pour des espaces infiniment petits relativement aux distances, doit cependant varier pour des espaces comparables à ces distances.

Or, le système solaire ayant un mouvement propre qui l'emporte avec une vitesse inconnue, mais réelle, dans l'immensité étoilée, la terre est destinée à subir, à de longs intervalles, ces inégalités de chaleur stellaire, ou les variations de la température de l'espace.

Cela posé, supposons, dit M. Poisson, que la terre soit restée assez longtemps dans une partie de l'espace, pour qu'elle en ait la température dans toute sa masse. Si elle passe ensuite dans une autre région dont la température soit moins élevée, elle se refroidira; et jusqu'à ce que cette masse entière ait atteint cette nouvelle température, la sienne croîtra de la surface au centre.

Le contraire aura lieu, lorsqu'elle passera dans une région dont la température sera plus élevée que celle qu'elle avait prise d'abord. L'accroissement de la température au-dessous de la couche invariable, ne serait donc qu'un phénomène accidentel et purement transitoire, nullement inhérent au globe.

Cette hypothèse peut être ingénieuse, mais elle est loin d'embrasser l'ensemble des faits géologiques. Elle ne s'applique, ni aux volcans, ni aux tremblemens de terre, ni aux soulèvemens, ni enfin à la forme ellipsoïdale du globe. Aussi, comme, en bonne philosophie, on doit préférer l'explication qui embrasse le plus grand nombre de cas et la plupart des phénomènes, nous croyons devoir nous en tenir à l'hypothèse du feu central.

Note XV, page 24.

Buffon, partant de cette idée vraie, que la température de l'intérieur de la terre allait sans cesse en s'affaiblissant, a cru, mais à tort, que le globe finirait par n'être plus qu'une masse inerte et glacée. Il n'a pas fait attention que tous les effets produits par cette chaleur centrale étaient arrivés depuis l'apparition de l'homme, au point de ne plus affecter nos thermomètres que d'un trentième de degré. On peut donc considérer l'influence de cette chaleur, comme tout à fait insensible sur les climats actuels; dès-lors elle ne peut exercer aucune action sur l'avenir physique de la terre.

Notre globe ne pourrait devenir semblable à une masse de glace, que si le soleil et les étoiles venaient à lui refuser leurs rayons, source unique de la chaleur et de la lumière qui l'anime et le vivifie; mais rien ne peut faire présumer une pareille cessation, à moins que la cause qui les distribue et les maintient, ne vienne à s'anéantir par la main toute-puissante de Celui, qui, jusqu'à présent, en a assuré la durée.

Du reste, c'est dans les ouvrages de Fourier, qu'il faut chercher la solution des questions relatives à l'équilibre de la température de la terre. C'est dans ses écrits que l'on trouvera des preuves de l'équilibre de la chaleur intérieure du globe, aujourd'hui sans action sur la surface. Sans doute, cet état intérieur change avec le temps, et il changera sans cesse, jusqu'au moment où toute la chaleur primitive sera complétement dissipée sur la surface. Mais ces changemens s'accomplissent avec une si grande lenteur, qu'il faudra de longues suites de siècles, pour qu'ils deviennent sensibles à nos observations.

Ainsi, par exemple, à 200 ou 300 mètres au-dessous de l'Observatoire de Paris, la température est aujourd'hui de + 20 ou 22 degrés: elle tombera à + 19 ou 18°, et enfin, à + 10 ou 12°. Mais, qui pourrait apprécier le temps nécessaire pour l'observation du commencement de cette diminution?

Aussi, pour comprendre l'état d'équilibre auquel est parvenue la température terrestre, on ne doit pas perdre de vue que les climats et l'ordre des saisons dépendent uniquement de la chaleur qui se distribue dans les couches supérieures à la couche invariable. Cette chaleur provient de l'action du soleil. Or, cette quantité, à peu près constante, est égale à celle qui serait nécessaire pour fondre une couche de glace de 14 mètres d'épaisseur, qui couvrirait toute la surface de la terre. Cette quantité de chaleur que notre planète reçoit du soleil dans le cours de l'année, est suffisante pour la vie des êtres qui l'animent et l'embellissent, et rien, ainsi que nous l'avons fait observer, ne peut en faire prévoir la diminution.

En un mot, comment cet équilibre dans la température terrestre ne serait-il pas constant, puisque l'attraction maintient la terre dans une position fixe à l'égard du soleil, et que le changement de forme et de position dans l'orbite de la terre est sans aucune influence sur cet équilibre? D'un autre côté, la chaleur de l'espace paraît à peu près invariable. Les modifications que la chaleur centrale peut apporter sur celle de la surface, sont accomplies à un trentième de degré près, et les variations des températures moyennes actuelles, limitées entre un ou deux degrés au plus du thermomètre centigrade.

Note XVI, page 25.

Les sciences nous ont mis, depuis si peu de temps, en rapport avec les objets extérieurs, que l'on peut bien dire de nous, ce que les prêtres de Saïs disaient des Hellènes, que nous sommes un peuple nouveau. En effet, l'invention presque simultanée de ces organes qui nous rapprochent du monde extérieur, ou l'invention du télescope, du thermomètre, du baromètre, du pendule, du microscope, et de cet autre instrument, le plus général et le plus puissant de tous, le calcul infinitésimal, datent à peine de trente lustres.

Le télescope, qui nous fait apercevoir les merveilles des cieux, et auquel Galilée dut l'avantage de démêler le véritable système du monde, paraît avoir été imaginé par cet habile physicien. On en rapporte l'invention vers 1590 ou 1609, et l'on suppose que ce fut avec des verres préparés par Jacques Meshius, hollandais d'origine. Il paraît que cet instrument fut perfectionné plus tard dans le sein de l'académie des Lyncées, dont Galilée fut long-temps le président.

Certains écrivains ont supposé que l'invention du télescope était due à Roger Bacon, auquel on a aussi attribué l'invention de la poudre à canon; invention bien plus utile aux progrès de nos connaissances, car elle a amené, comme forcément, toutes les nations à faire les plus nobles efforts pour se surpasser en science et en instruction, seul genre d'illustration que toutes doivent ambitionner, leur prospérité et leur salut dépendant, en quelque sorte, de cette supériorité. Cette invention a été également utile aux progrès de la civilisation, en détruisant à jamais l'anarchie et la puissance féodale, et surtout en rendant impossibles les éruptions des Barbares.

Un hollandais, nommé Drebbel d'Alcmaer, semble avoir eu la première idée du thermomètre, qui fut d'abord très-imparfait, comme le sont la plupart des inventions humaines à leur naissance. Galilée perfectionna cet instrument en 1607, et, la même année, il inventa le compas de proportion, qu'il appela compas militaire, parce qu'il l'avait destiné principalement à l'usage des ingénieurs. Le thermomètre reçut encore de nouveaux perfectionnemens dans le sein de l'académie *del Cimento*, par les soins de Sagredo; il devint même plus tard, entre les mains de Torricelli, un instrument de météorologie.

Cette Académie, profitant de cette heureuse invention, organisa un système d'observations météorologiques, en Italie. Pendant le cours de ces observations, Newton et Amontons ayant remarqué, l'un, que la congellation de l'eau, et l'autre, que l'ébullition de ce liquide avaient, sous une même pression, une température constante, eurent l'idée de faire servir ces deux points extrêmes de température à la détermination de deux points fixes de l'échelle thermométrique. Il parait du reste que, avant Newton et Amontons, Renaldini avait proposé à l'Académie *del Cimento*, de rendre les thermomètres comparables, en choisissant deux points fixes pour les extrêmes de l'échelle : il fut dès-lors possible de construire des thermomètres *comparables*, ou des thermomètres qui, placés dans les mêmes circonstances, donnassent *les mêmes résultats*.

Aussi, les observations faites par les membres de l'Académie *del Cimento*, comparables à celles que nous faisons nous-même, ont-elles été discutées récemment par M. Libri. Ce physicien a prouvé surtout, d'après les observations de Raineri, de Florence, que, depuis l'époque à laquelle elles remontent, c'est-à-dire, de 1660 à 1670, le climat de l'Italie, comme la température des animaux qui y vivent, n'avait pas sensiblement varié.

Cependant, les thermomètres perfectionnés par l'Académie *del Cimento*, et nommés, à raison de cette particularité, thermomètres de Florence, étaient encore loin d'être rigoureusement comparables ; ils ne le sont même devenus, que depuis les observations de Réaumur. Un autre genre de perfectionnement y a été apporté de nos jours : au lieu de prendre comme point constant le froid produit par la congellation de l'eau, ainsi que le pratiquait Réaumur, on y a substitué celui de la glace fondante, qui est plus fixe et plus constant.

Enfin, cet instrument, dont les avantages ont été si grands pour le progrès des sciences physiques, aurait été inventé, selon certains, par Sanctorius.

L'hygromètre paraît avoir été imaginé par Léonard de Vinci, vers la fin du XVe siècle ; ce ne fut que dans le XVIIe, que Folli-de-Poppi imagina à son tour l'hygromètre à roue. Il semble que, antérieurement à l'invention du baromètre, le pluviomètre avait été inventé et avait été employé à déterminer la quantité de pluie qui tombe sur la terre. Quant au baromètre, on peut, en quelque sorte, attribuer la gloire de son invention à Galilée ; car elle est due à Torricelli, son disciple chéri. On en rapporte la découverte en 1642; elle fut inspirée par la recherche de la cause qui empêchait l'eau de s'élever dans les pompes au-delà de trente-deux pieds. Torricelli, ayant vu le mercure s'arrêter à 28 pouces dans un tube de verre, en conclut que ce phénomène appartenait à la statique, et que la pression de l'air déterminait l'eau ou le mercure à s'élever jusqu'à ce qu'il y eût équilibre.

Ceci se passait en 1643, et l'expérience de Torricelli fut faite de nouveau en 1646, par Mersenne et Pascal. En 1647, un moyen de la rendre encore plus décisive, en la faisant à différentes hauteurs, fut imaginé par le Philosophe du Port-Royal. Le tube de Torricelli, interrogé par Perrier sur le Puy-de-Dôme, répondit que tous ces phénomènes étaient dûs à la pression de l'air. Ainsi disparut à jamais cette idée qui avait si long-temps prévalu, de l'horreur du vide qu'avait la nature. Mais, par un fait non moins remarquable, cette même montagne du Puy-du-Dôme, où la pesanteur de l'air a été définitivement constatée, a servi, de nos jours, à perfectionner la formule barométrique.

Le pendule a été inventé, en quelque sorte, par Galilée; du moins, il a été le premier qui a imaginé de suspendre un corps grave à un fil, et de se servir de cet appareil pour mesurer le temps dans les observations astronomiques et dans les expériences physiques, au moyen de ses vibrations. Ce fut cependant Huyghens qui le fit servir le premier à la construction des horloges, à l'aide desquelles on a, depuis lors, mesuré le temps. Quant aux montres, qui dérivent du même principe, on ignore quel en fut l'inventeur. Il paraît pourtant que leur invention date à peu près de l'époque de Charles-Quint; du moins il est rapporté qu'on présenta à ce prince une horloge de cette espèce, comme quelque chose de nouveau et de fort curieux. Ce qu'il y a de certain, c'est que Huyghens les perfectionna singulièrement, et rendit populaire l'usage des montres de poche. On a attribué l'invention du microscope à Drebbel, en 1620; mais les raisons que Montucla apporte dans son *Histoire des Mathématiques* (tom. II, pag. 174), sont trop précises pour le supposer; tout au plus y a-t-il apporté quelques perfectionnemens à ceux qui étaient en usage de son temps. Cet instrument fut, du reste, singulièrement amélioré dans le sein de l'Académie des Lyncées, particulièrement par les soins du prince Cesi, qui en fut le fondateur et le soutien. Aussi, peu de temps après l'invention du microscope, Redi pût-il s'en servir pour faire ses belles observations, qui n'ont été surpassées que de nos jours, par suite des grands perfectionnemens apportés à cet instrument. Le microscope nous a fait découvrir un monde tout aussi peuplé et tout aussi merveilleux que celui qui s'offre naturellement à nos regards, et dont il nous a fait connaître toute l'immensité.

Le microscope solaire auquel nous avons dû particulièrement cet avantage, paraît avoir été imaginé par Lieheskuhn, de l'Académie des sciences de Berlin. Il est du moins certain que cet instrument nous est venu de Londres, en 1748. Nous devons également au même académicien Lieheskuhn, l'invention du microscope qui sert à l'observation des corps opaques.

Newton (1665, 1704, 1707, 1711 et 1722) et Leibnitz (1677, 1684 et peut-être 1676) semblent avoir inventé, chacun de son côté, le calcul infinitésimal, qui, comme on le sait, a rendu de si nombreux et de si importans services aux sciences. Ce n'est, sans doute, qu'un instrument rationel, si l'on peut s'exprimer ainsi; mais c'est un instrument applicable à tout ce qui peut être exprimé par des nombres. On suppose, enfin, que l'anglais Gregory n'a pas été étranger à cette importante découverte.

D'Alembert, et surtout Euler, ont fait sentir tous les avantages et toute l'utilité du calcul intégral. On peut dire plutôt Euler que d'Alembert, quoique ce dernier soit l'inventeur de l'application de ce calcul, parce que, contrairement à ce que font les inventeurs des nouveaux procédés qui exagèrent le mérite de leurs recherches, d'Alembert niait une partie des sciences.

Note XVII, page 29.

L'identité que l'on remarque entre les espèces figurées sur les monumens de l'antiquité et celles qu'elles rappellent à notre souvenir, est réellement remarquable; mais, ce qui est plus étonnant encore, c'est la similitude que l'on reconnaît entre les espèces humatiles et nos mêmes espèces vivantes. En effet, entre le cheval humatile et le cheval actuellement vivant, l'on n'observe pas de différence, de sorte que les espèces n'ont pas dû éprouver la moindre altération depuis la dispersion des dépôts diluviens; car, ce que nous disons de cette espèce, nous pourrions le dire d'une foule d'autres qui l'accompagnent.

Comme nous avons publié un travail sur les rapports qui existent entre certaines espèces humatiles et celles qui sont conservées dans les catacombes ou gravées sur les monumens de l'antiquité, nous y renverrons ceux que cet objet peut intéresser.

Note XVIII, page 29.

Les végétaux conservés avec les plus anciennes momies n'ont pas offert des différences appréciables avec les mêmes espèces actuellement vivantes.

Parmi ces végétaux découverts, soit dans les anciennes catacombes, soit dans les coffres qui renferment les momies, on a reconnu :

1° La cassie (*Acacia farnesiana*);

2° Le blé et l'orge;

3° Le *papyrus* (*Ciperus papyrus*), dont les anciens se sont servis pour faire leur papier;

4° Le citronier, dont un fruit est conservé dans la collection du Musée Égyptien de Paris;

5° Le schanginia (*Acacia Heterocarpa*, Dellile), dont des tiges et un fruit sont conservés dans le même Musée;

6° Le sycomore, dont le bois a servi à faire la plupart des cercueils dans lesquels les anciens Égyptiens déposaient leurs momies. Ce bois est tout à-fait semblable à celui que fournit le sycomore qui croît aujourd'hui en Égypte. Enfin, les grands rouleaux de papier fait avec le papyrus, et qui ont été trouvés en grand nombre au milieu des ruines de Thèbes, n'ont pas présenté non plus la moindre différence avec le papier obtenu aujourd'hui par les mêmes procédés.

Ce que nous disons des végétaux, nous pourrions l'observer également relativement aux animaux dont on rencontre les restes dans les mêmes catacombes. Telles sont, par exemple, les momies des singes, des chats, des chiens, des bœufs, des moutons que l'on y trouve assez souvent; telles sont encore celles qui offrent des oiseaux de proie, des ibis, des crocodiles, et jusqu'à des insectes, qui ne présentent pas la moindre différence avec les races actuelles.

Que conclure de ces faits, si ce n'est que le temps est tout-à-fait impuissant pour changer ou modifier les caractères distinctifs des espèces, lesquels résistent complétement à sa profonde et puissante influence.

Note XIX, page 30.

Enfin, d'après les observations thermométriques dues aux recherches des membres de l'Académie *del Cimento*, nous avons vu que le climat de l'Italie n'avait pas éprouvé d'altération sensible. Nous ajouterons qu'il en a été de même de la température propre aux animaux de cette contrée. Du moins M. Libri, en discutant les observations faites en Toscane et à la même époque sur des animaux bien connus, a trouvé qu'ils n'avaient nullement varié relativement à leur chaleur. Ce que nous disons de l'Italie, nous pourrions le dire de tout autre pays et particulièrement de l'Égypte, malgré les observations de M. le duc de Raguse, dont M. Arago a fait sentir le peu de fondement.

Fin des Notes.

www.ingramcontent.com/pod-product-compliance
Ingram Content Group UK Ltd.
Pitfield, Milton Keynes, MK11 3LW, UK
UKHW022126260726
13993UKWH00003B/1264